时间岛图书研发中心　主编

成长要素 情商课

应急管理出版社

·北　京·

图书在版编目（CIP）数据

情商课／时间岛图书研发中心主编 . -- 北京：应急
管理出版社，2019（2023.1 重印）

（成长要素）

ISBN 978 - 7 - 5020 - 7517 - 0

Ⅰ.①情… Ⅱ.①时… Ⅲ.①情商—青少年读物
Ⅳ.①B842.6 - 49

中国版本图书馆 CIP 数据核字（2019）第 096645 号

情商课（成长要素）

主　　编	时间岛图书研发中心
责任编辑	高红勤
封面设计	韩志鹏

出版发行	应急管理出版社（北京市朝阳区芍药居 35 号　100029）
电　　话	010 - 84657898（总编室）　010 - 84657880（读者服务部）
网　　址	www.cciph.com.cn
印　　刷	三河市同力彩印有限公司
经　　销	全国新华书店

开　　本	710mm×1000mm¹/₁₆　印张　8　字数　70 千字
版　　次	2019 年 7 月第 1 版　2023 年 1 月第 2 次印刷
社内编号	20191902　　　　　定价　31.80 元

目　录

CONTENTS

第一章

认知情感，
培养孩子的社交力

每人一块马蹄糕

有一天，上小学二年级的欢欢，放学回家扑进妈妈的怀里大哭着说："课间休息时，一个男同学高声冲我说，'欢欢，欢欢，你跑的速度就像蜗牛爬得一样慢，长得这么胖可怎么好啊！'然后所有人都跟着他一起说我。他们为什么要嘲笑我？我该怎么办？"

"我想最好的办法就是：他们要开你的玩笑，你就跟他们一起闹就好了。"

"怎么闹？"

"我们不妨用马蹄糕试一试。"妈妈说，她的眼睛闪闪发亮。

"马蹄糕？"

"对！欢欢的马蹄糕。我们现在就来做。"

很快厨房里就弥漫着烘烤巧克力、椰丝、奶油和果仁

的香味。面粉团刚烤成浅咖啡色，妈妈就把蛋糕从烤箱里取出。

"你的班上一共有多少个同学？"妈妈问。

"一共 23 个。"欢欢回答道。

"那么我们就把马蹄糕切成 28 块。每个同学一块，老师莱穆斯太太一块，再给她一块带回家去给她的丈夫，还有一块给校长，剩下两块我们现在就吃。"

"明天我开车送你到学校之后，"妈妈接着又说，"会先去跟莱穆斯太太谈谈。到时候她会叫你的同学排好队，然后一个接着一个地对你说，'欢欢，欢欢，请你给我一块马蹄糕！'接着，你就从盘子里铲起一块来，放在餐巾纸上，对同学说，'我是你的朋友欢欢，这是我送给你的马蹄糕！'"

第二天，妈妈所说的全都实现了。从此以后，再也没有人说他胖了。欢欢反而不时听到同学喊道："欢欢，欢欢，给我烤个马蹄糕吧！"

以后的日子，无论是在万圣节还是圣诞节，妈妈都烤马蹄糕，让欢欢带到学校分给同学们，时间长了，昔日嘲笑他的人都成了他的朋友。

作为感情最为丰富的人类，感动是每个人所具有的本能，人际交往中，人心不断地被友善与温暖环绕时，任何不友好的心都可能被融化！

浇灌心灵

凯瑟琳家有一个花园，由于她平时的辛勤浇灌，花园里的花儿总是开得非常灿烂。凯瑟琳的两个孩子，13 岁的儿子布鲁斯和 10 岁的女儿贝蒂，受母亲的影响，也非常喜欢花园里的那些花儿，并经常跟母亲一起去花园里浇花。

凯瑟琳的邻居家也有一个花园，并且也有两个和布鲁斯、贝蒂差不多大的儿女。只是，邻居家的那位太太好像不喜爱浇灌花园，致使花园里的花草长得矮小而枯黄。这样，两家花园里的花朵便形成了一个鲜明的对比。

有一天，贝蒂发现自家的花园里少了一株玫瑰花，而邻

居家的花园里正好多了一株玫瑰花。布鲁斯生气地说："一定是邻居家的那两个小孩儿干的，自己的花园不浇灌，偏要偷别人家的花儿！"于是，布鲁斯和贝蒂去邻居家的花园里将自己家的花"偷"了回来。没想到，第二天，布鲁斯和贝蒂发现，邻居家不仅将那株玫瑰花又"偷"了回去，还顺带着偷了好几株其他的花。

就在布鲁斯和贝蒂决定再次将自己的花"偷"回来时，被母亲凯瑟琳阻止了。凯瑟琳说："浇灌自家的花园并不难，难的是如何浇灌别人家的花园，特别是种在别人心灵上的花园！"凯瑟琳不但不让他们去"偷"花，还让他们悄悄地去帮助邻居家浇灌花园。

邻居家的小孩看见自家花园里的花儿开得非常灿烂，也不再偷花了。邻家的那位太太最后得知是凯瑟琳一家帮他们家浇灌花园时，非常感动，也逐渐喜欢上了浇灌花园。

后来两家经常一起浇灌花园，还一起讨论栽培和修剪花草的知识，而两家的小孩也从浇花上的互相帮助，转到了学习上的互相帮助，从而结下了深厚的友谊。

心理成长

是啊，"浇灌自家的花园并不难，难的是如何浇灌别人家的花园，特别是种在别人心灵上的花园"！交朋友也是一样，要想赢得友谊，自己首先要能够做到友善与宽容。正所谓，你以怎样的态度与人交往，别人便会以怎样的态度回敬你。

飞翔的小鸟

晓琼和菲菲是一对很有趣的同桌。晓琼可以一整天都不说一句话，菲菲却不可以一分钟不说话；晓琼的桌上永远整整齐齐，菲菲那边永远乱七八糟；晓琼的成绩总名列前茅，菲菲总是倒数……她们之间的不同太多了，数都数不过来。最初的时候，她们像是处在地球的两极，虽然是同桌但相互并不理睬。主要是晓琼不理菲菲。

终于有一天，菲菲忍不住了："咱们猜个谜语吧？"

既然菲菲已经开口，晓琼也不好不回应。而且她自认为很善于玩儿这种游戏，"你说吧。"

"有一个人洗澡（枣），却不脱衣服，原因是什么？"菲菲出题了。

"那谁不知道，他穿着衣服洗的。"晓琼瞟了菲菲一眼，觉得这个问题太小儿科了。

"不对！"菲菲摇摇头。

"那是因为他本来就没穿衣服。"晓琼又猜道。

"不对！"菲菲继续摇头。

晓琼心里有些着急了，她可不想败给菲菲。突然灵光一闪："他在洗枣对不对？"

"对，是在洗枣。"菲菲一脸诡笑。

"我说的是'洗枣'，不是'洗澡'。"晓琼纠正道。

"就是洗枣，快猜，限时了，10，9，8，7……"菲菲一脸得意。

晓琼急了，随手拽过菲菲的本子写下了"洗枣"两个字。

这下菲菲笑开了花："你终于敢碰我的东西了，这么多天一直给我留这么大空儿，我还以为我的东西有毒呢！"

晓琼"扑哧"一笑，两颗心情不自禁地拉近了。

可要说她们俩真正成为好友还是在发生了另外一件事情之后：

晓琼捡到了一只受伤的小鸟，并细心地照料它，可谁知小鸟的身体反而越来越弱，眼看要命归黄泉了。

"没办法了吧！"晓琼正捧着小鸟伤心地发呆，菲菲探过头来问。

"嗯。"晓琼一改平日的伶牙俐齿，语气中带着深深的忧伤。

"给，喂它这个。"菲菲张开手递过几条扭来扭去的小虫子，白白的，好吓人。

"哎呀！"晓琼一声大叫，"拿走，拿走。"

看着晓琼如此狼狈的样子，菲菲只好把小虫收起来。

晓琼愣了一下，转而对菲菲说："你吓着我的小鸟了，从今天开始你喂，喂不好，拿你治罪。"

菲菲一听便高兴地说："两周后还你一只健康快乐的小鸟。"

一星期过去了、两星期马上过去了，最后一天终于到了，菲菲果然送回来了一只健康活泼的小鸟。后来，她们俩一起出门把小鸟放飞了，看着小鸟越飞越远，她们高兴得又蹦又跳。而晓琼和菲菲也从此成为一对十分要好的朋友了。

心理成长

从互不理睬到亲密无间，一个付出了真心，一个付出了诚意，朋友之间的交往再好也不过如此！那是一种最温柔、最惬意、最畅快、最美好的意境。

孤独的解药是友情

阿双 10 岁那年因为输血，不幸染上了艾滋病，伙伴们全都躲着她，只有大她四岁的然然依旧像以前一样跟她玩耍。离阿双家的后院不远，有一条通往大海的小河，河边开满了五颜六色的花朵，然然告诉阿双，把这些花草熬成汤，说不定能治好她的病。

阿双喝了然然煮的汤，身体并不见好转，谁也不知道她还能活多久。然然的妈妈再也不让然然去找阿双了，她怕自家人也染上这可怕的疾病。但这并没能阻止两个孩子的友情。

一个偶然的机会，然然不知道从哪里得来一本杂志，看到上面有这样一个偏方，说纽约的费医生找到了能治疗艾滋病的植物，这让她兴奋不已。

于是，在一个月明星稀的夜晚，她带着阿双，悄悄地上路了，她们要去纽约。她们只知道纽约在一个遥远的地方，要坐船过大海，要走好久好久。她们是沿着那条小河出发的。

她们躺在小船上，听见流水哗哗的声响，看见满天闪烁的星星，然然告诉阿双，到了纽约，找到费医生，她就可以像别人一样快乐地生活了。

不知漂了多远，船进水了，她们不得不改搭顺路汽车。为了省钱，她们晚上就睡在随身带的帐篷里。阿双咳得很厉害，从家里带的药也快吃完了。这天夜里，阿双冷得直发颤，她用微弱的声音告诉然然，她梦见 200 亿年前的宇宙了，星星的光是那么暗那么黑，她一个人待在那里，找不到回来的路。然然把自己的球鞋塞到阿双的手上："以后睡觉，就抱着我的鞋，想想然然的臭鞋还在你的手上，然然肯定就在附近。"

她们身上的钱差不多快用完了，可离纽约还有很远的路。阿双的身体越来越弱，然然不得不放弃了计划，带着阿双无功而返了。不久，阿双就住进了医院。然然依旧经常去病房看她，两个好朋友在一起时病房便充满了快乐。她们有时还会合伙玩装死游戏吓护士，看见护士们上当的样子，两个人都忍不住大笑。然然给那家杂志写了信，希望他们能帮助找到费医生，结果却杳无音讯。

秋天的一个下午，阿双的妈妈上街去买东西了，然然在病房陪着阿双，夕阳照着阿双那瘦弱苍白的脸，然然问她想不想再玩装死的游戏，阿双点点头。然而这回，在医生为她

摸脉时阿双却没有忽然睁开眼笑起来，她真的死了。

那天，然然陪着阿双的妈妈回家。两人一路无语，直到分手的时候，然然才抽泣着说："我很难过，没能为阿双找到治病的药。"

阿双的妈妈泪如泉涌："不，然然，你找到了。"她紧紧地搂着然然，"阿双一生最大的病其实是孤独，而你给了她快乐，给了她友情，她一直为有你这个朋友而自豪……"

三天后，阿双静静地躺在了长满青草的地下，双手抱着然然穿过的那只球鞋。

心理成长

真正的友谊是任何障碍也阻挡不了的，就像故事中的阿双和然然那样，可怕的疾病抑或家人的阻拦，都不是障碍。不是说然然有多勇敢，而是因为她有一颗真诚的心、一份护卫友谊的执着！但愿我们的生活中多些真诚对待友谊、呵护友谊的人！

不要让嘴巴招惹是非

从前，有一个爱多嘴的人，闲着没事总爱东家长、西家短地议论，结果引起周围人的极大反感。看到大家都不理自己，这个人也很烦恼。他找到安多，说："我非常注重跟朋友、邻居的交流，可是他们现在为什么都讨厌我呢？"

安多问他："你是不是经常对邻居们品头论足？"

这人委屈地说："我并没有瞎讲啊！我讲的都是事实，只不过有时为了让事情更真实，略微加了一些自己的评论而已。我也希望能改变这个毛病，不知您能否帮我？"

安多想了一会儿后，走出房间，然后拿回一个大袋子。他对这个人说："你把这个袋子拿到广场去，然后你在回家的路上把口袋里的东西放在路边。但是，回到家之后，你需要再回到广场上去，把刚刚放在路边的东西都收到袋子里。"这人心想，这还不容易做到。于是，他急忙接过那个袋子，加快脚步向广场走去。

那是微风轻吹的秋日，这人到了广场之后，迫不及待地打开一看，里面装的竟然是一大堆羽毛。这人照着安多的吩咐一边往家走，一边把羽毛放在路边。当他走进家门时，袋子刚好空了。然后他又返回来，提着袋子想把路边的羽毛捡回来。

可是，凉爽的秋风早已吹散了羽毛，一路上所剩寥寥无几。这人只好提着空口袋回到了安多那里。

安多说："你看见了吧，随意褒贬是非的话语就像这大袋子里的羽毛一样——一旦从嘴里溜出去，就永无收回的希望。"

这人终于意识到了大家都不愿意理自己的原因，并从此努力改掉这个坏毛病。

心理成长

生活中，积极与人交流并不意味着不分时间和场合什么话都可以说。很多时候，由于我们的不在意，什么话都说，过分夸大事实，以致给自己、给他人带来了许多麻烦。与人交往，我们还需谨言慎行，注意得体和分寸。

改掉吝啬的坏习惯

从前，有个忠厚的小孩叫汉斯，他一个人住在一间小屋子里。他非常勤劳，拥有一座村庄里最美丽的花园。小汉斯有很多朋友，其中有一个跟他最要好，名叫大休，是个磨坊主。这个磨坊主是个很富有的人，他总自称是小汉斯最忠厚的朋友，因此他每次来到小汉斯的花园时，都以最好的朋友的身份拎走一大篮子各种美丽的鲜花，在水果成熟的季节还拿走许多水果。

磨坊主经常说："真正的朋友就该分享一切。"但是，他从来没有给过小汉斯什么回赠。

冬天的时候，小汉斯的花园枯萎了。那位"忠实的"磨坊主朋友却从来没去看望过孤独、寒冷、饥饿的小汉斯。

不仅如此，磨坊主在家里还发表关于友谊的高论，说："冬天去看小汉斯是不恰当的，人们经受困难的时候心情会异常烦躁，这时候必须让他们拥有一份宁静。而春天来的时候就

不一样了，小汉斯花园里的花都开放了，我去他那儿采回一大篮子鲜花，这会让他多么高兴啊。"

磨坊主天真无邪的儿子问他："爸爸，为什么不让小汉斯到咱们家里来呢？我会把我的好吃的、好玩儿的都分给他一半。"

谁想到磨坊主却被儿子的话气坏了，他怒斥这个"白白上了学、仍然什么都不懂"的孩子，说："如果小汉斯来到我们家，看到了我们烧得暖烘烘的火炉、丰盛的晚饭以及甜美的红葡萄酒，他会心生妒意，而嫉妒则是友谊的大敌。"

心理成长

这虽然是一篇讲给孩子听的故事，然而现实生活中这种虚假友谊并不少见。对待友谊，我们来不得半点虚假和吝啬，真心实意地去交往，我们才会收获快乐和幸福！而像故事里那位吝啬的磨坊主，说白了就是心胸狭窄，他虽然并不缺财富，但是灵魂和精神却在日趋贫穷，长此以往不仅会失去友谊，还会失去更多人的信任和陪伴。

分吃救命果

传说，有两个人十分要好，亲如兄弟。一日，他们走进了沼泽地，干渴威胁着他们的生命。

上帝为了考验他俩的友谊，就对他们说：前面的树上有两个桃子，一大一小，吃了大的就能平安地走出沼泽地。

两人听了，就都互相推让来让对方吃那个大的，坚持自己吃小的。争执到最后，谁也没说服谁，两人都极度劳累，不知不觉中睡着了。不知过了多长时间，其中一个突然醒来，却发现他的朋友早向前走了。于是他急忙走到那棵树下，摘下桃子一看，桃子很小很小。他顿时感到朋友欺骗了他，便怀着悲愤与失望的心情向前走去。

突然，他发现朋友在前面昏倒了，便毫不犹豫地跑了过去，小心地将朋友轻轻抱起。这时他惊异地发现：朋友手中紧紧地攥着一个桃子，而那个桃子比他手中的还要小许多。

最后，他们都经受住了上帝的考验，平安地走出了沼泽地。

心理成长

大度与谦让不仅救了双方，还使两人之间的友谊更加牢靠；设想如若两人都自私、小气，肯定随之而来的是争斗、抢夺、悲愤与失望，生命与友谊又从何说起？人与人之间的友谊就该如此。

横在墙上的那条"高线"

王琳上小学五年级了，学校离家有点儿远，可父亲总不同意给她买自行车。这天，王琳再也忍不住了，说："爸爸，别的同学都有自行车了，就我没有！"

父亲看了看女儿，半晌才挤出两个字："好，买！"王琳一听，高兴地问："那啥时候买？"父亲想了想，在一面墙上画了一条横线，说："等你长到这么高，爸爸就给你买自行车。"

从此每天放学回家后，王琳总会跑到墙上画的那道横线下，可结果每次都垂头丧气地离开了。

一个月过去了，两个月过去了……半年都过去了，王琳还是没有墙上的那道线高，她搞不懂了。

一天早上，王琳去问母亲："妈妈，这道线一定有问题，为什么我总是没有它高呢？"

母亲对父亲说："我说她爸，就给孩子买辆自行车吧？明年她就要到城里上中学了，那么远，总不能还走着去吧？"

父亲深深地叹了一口气，说："买！琳琳，上学去吧，爸爸明天就去给你买！"王琳背着书包出了家门，可磨磨蹭蹭地在屋外站住了。谁料，她无意中听到屋内父母的谈话，母亲对父亲说："都大半年了，怎么也不见孩子长个儿呢？是不是缺营养呀？都怪我拖累了你们爷儿俩……"父亲打断了母亲的话："别瞎说，是我把那道线往上移了。"母亲吃惊地问："你怎么把线往上移了？"父亲一声长叹："我也想给孩子买辆自行车啊，可是总不能拿买药的钱给她买自行车吧？都怪我没用，不能赚更多的钱……"

　　母亲也跟着叹气："这哪能怪你呢？是我这病拖累了你们爷儿俩，现在连给孩子买辆自行车的钱都没有，都怪我这病……"

　　下午放学的时候，王琳早早地走回了家，一进屋就迫不及待地说："妈，老师在班上表扬我了。"

　　母亲问："老师为什么表扬你？"

　　王琳骄傲地说："我在运动会上比赛得了第一。我知道，要不是我天天走路上学锻炼，不会有这么好的身体。妈，我还要继续走路上学，我不要自行车了。"

　　母亲疼爱地说："傻孩子，你爸明天就去给你买自行车，骑自行车也可以锻炼身体呀！"王琳依偎在母亲的身边说："妈，我真的不要自行车了。你让爸把钱留着给你买药吧！

等我和墙上那道线一样高了，再给我买。"

第二天，天还没有亮，王琳就早早地起床，她摸黑在屋子里悄悄摆弄了一阵后就上学去了。

天亮后，母亲就急急地催促丈夫去给女儿买自行车，刚一抬眼，却突然发现墙壁上的那道线比昨天高出了一截，墙角下，还放着一张小板凳……

心理成长

对于成长中的我们来说，父母尽自己所能在呵护着我们，我们不应只有索取或接受，也要学会关心他们、体谅他们，做些力所能及的事。这是人际交往的起点，在家里有礼貌、有爱心、懂得感恩的孩子也会在潜移默化中形成与人为善的交往习惯。

扬长避短，发挥潜能

军军同学素来争强好胜，无论什么比赛都爱和人一争高下。最近学校正在举办运动会，他准备报名所有的运动项

目，而事实上他日常的运动仅局限于偶尔与同寝室的同学打乒乓球。

"军军，运动会规定每人最多报三个项目，"体育委员找他商量道，"要不你专心准备一个你最拿手的项目吧？"

"这是什么破规定，我明明是夺冠的种子选手，怎么能只报一个项目？"军军不满意地说道，"这分明是在阻止我为班级争夺荣誉。"

体育委员为难地说道："但这是规定……"

"算了算了，那就把最难的三个项目交给我吧，那些简单项目让给别人好了。"军军摆出一副很大度的样子，"嘿嘿，这也算我具有王者风度的表现，不是吗？"

运动会第一天，刚抛完铅球的军军又急急忙忙赶去参加接力比赛了，终于"无所不能"的他在比赛中摔倒，最后通过队友们的"接力背"将他送去了校医务室。

挂着拐杖的军军坐在运动会的看台上，看到许多同学接连在他们擅长的比赛中获奖，享受着老师与其他同学的夸赞，他虽然嘴上不说，但心里十分羡慕。

"这不是我们班的'全能王'军军吗？怎么坐在观众席看热闹呀？"一名平时就对军军不满的男生凑上前说。

"什么'全能王'，我看就是个大话精，他也就嘴皮子要得溜。"另一个女生接了话茬。

军军觉得又恼又羞，却没有底气去争辩。班主任很快发现了情绪低落的军军，决定好好开导一下他。

"军军同学，平常跑步比赛中，你都跑第几名啊？"班主任假装好奇地上前询问道。

"呃……马马虎虎吧。"军军撇着嘴说道。

"那你怎么这么自信能得冠呢？毕竟还有那么多体育成绩好的学生在参赛呢。"班主任故意夸张地说道。

"呃……因为……因为……"

军军不知如何回答，脸都憋红了。

"军军同学，我听说你上回在区里的演讲比赛中拿了一等奖，真是太厉害了！"班主任竖起大拇指大声夸奖道，"老师平常就发现你口才了得，普通话标准，音调铿锵，老师觉得你十分有演讲天赋。"

听到班主任的夸赞，军军害羞又得意地挠了挠头，说："嘿嘿，哪有哪有，我不过是刚好有点能说会道而已。"

班主任接着说道："现在学校举办运动会，校园广播站正在招同步播音员为运动健儿打气加油，你有没有兴趣好好表现表现？"

看着班主任期许的目光，军军拍拍胸脯自信地说道："老

师，放心吧，我一定给咱们班争光。"

军军就这样在同学的搀扶下一瘸一拐地朝着新的"战场"——广播站出发了。

"这是一个新的起点，转过这个弯道，迎接你的将是最后的挑战，最终的胜利。加油！陈浩。"

"时间在流逝，赛道在延伸，成功在你面前，热血在沸腾，辉煌在你脚下铸就。加油吧！四年级三班杨阳。"

"四年级三班王梓，加油！没有翻不过的高山，没有到不了的终点，只要坚持到底，你就是我们的英雄！"

……

运动会终于结束了，军军报完自己写的最后一篇稿子，准备离开广播站，此时许多同学特意赶来接行动不便的他。

"军军，刚才听到你的加油打气我觉得整个人都充满了力量，你的声音真是太有激情，太有感染力了。"陈浩说道。

"军军，你都不知道，我当时听到你为我加油有多激动。"王梓说道。

"是的，我也觉得。"另一名同学也附和道。

……

面对同学们的夸赞，军军有些害羞了，脸上不由得绽开了灿烂的笑容。经过这件事，军军渐渐懂得了自己应该正视自己的长处与短处。发挥自己的特长让自己在广播站的岗位上站稳脚跟，即使这里没有冠军的荣誉赐给他，但当他推开广播站的大门，却有热情的同学们在迎接他，与他共同分享成功的喜悦。

心理成长

军军最初不了解自身的优势，只想夺取冠军，享受同学们的赞誉，结果却适得其反。后来由班主任引导，军军投入到广播站自己擅长的工作中，为参加比赛的同学加油鼓劲，最终得到同学们的认可和赞扬。其实，人际交往中，扬长避短，发挥潜能，才是获取他人好感、赢得他人认可的最佳途径。

知足常乐

村子里有一个年轻人，他整天闷闷不乐，总觉得烦恼压得他喘不过气来，于是他就来到寺庙里请教方丈怎样才能让自己快乐起来。

方丈问他为什么不开心，他回答说："我觉得自己很失败，你看东家的田比我家的多，西家的房比我家的大，好不容易这两项我都胜过后面那家了，但是他家竟然有一头牛，我家却没有，你说我怎么能开心得起来呢？"

听完他的话，方丈沉默了半天，然后说："我知道你为什么不开心了，如果你想摆脱烦恼的话，不如走出去看看。当你遇到那些快乐的人时，记得问他们一个问题——你对你拥有的一切满意吗？"

年轻人听从了方丈的建议，背起行囊踏上了旅途。他一路前行，在走到一座山前的时候，远远地看到了一个樵夫。樵夫的鞋子已经磨破了，但是他一点都不在意，还一边担着柴一边哼着小曲，看样子开心极了。"樵夫大哥，"年轻人不紧不慢地走上去施了一下礼，"请问你对你目前拥有的一切满意吗？"

"满意啊！"樵夫停下脚步哈哈大笑，"你看我身体强壮，还能上山砍柴，这些木柴可以拿到镇上换来银子，银子可以买米买菜，还可以买一双新鞋子，我只要一想到这些就开心。"

"可是你不觉得镇上的人都比你过得好吗？"年轻人忍不住追问。

樵夫诧异地瞪大眼睛："我为什么要和别人比？比来比去

多累啊！"说完，樵夫重新哼起小调，开心地走了。

年轻人继续向前走，又遇到了一个骑在牛背上唱歌的牧童，牧童身上的衣服破破烂烂，但是脸上快活的神情比头顶的阳光还要灿烂。于是年轻人走过去问他："小牧童，你对你拥有的一切都满意吗？"

"很满意。"小牧童摇头晃脑地回答，"刚才出门的时候妈妈夸奖了我，路上我还发现了一种很好吃的野果，而且今天天气这么好，有什么不满意的呢？"

"可是你这么小的年纪就要出来放牛，和你一样年纪的小朋友们都在家里玩耍，你不会感到难过吗？"年轻人好奇地问。

"不会啊！"小牧童笑嘻嘻地摆摆手，"他们在家可吃不到这么好吃的果子，而且他们的妈妈也不会夸奖他们。"说完，小牧童拍拍身下的牛，悠闲自在地走了。

夜幕降临的时候，年轻人来到了一个小山洞休息。走进去他却发现，山洞里坐着个头发花白的老人，正兴致勃勃地烤野鸡。"老人家，打扰了。"年轻人走进去，礼貌地询问自己能否在这里住一晚。老人痛快地答应了，还把烤野鸡分给他吃，一边吃一边听他讲路途中的见闻。讲完后，年轻人一头雾水地问："老人家，你说这世界上真的有能让人快乐的秘

诀吗?"

"当然有啊!"老人笑着说道,"你不是已经从樵夫和牧童那里得到你想要的答案了吗?"

年轻人想了很久,终于恍然大悟。

心理成长

都说快乐是比较出来的,但是靠比较得到的快乐并不是真正的快乐,真正的快乐是要有一颗知足常乐的心。人际交往中,我们要学会知足,知足不仅能给我们自身带来源源不断的快乐,还能在人际交往中给他人带来快乐和踏实感。

培养高雅情趣,领悟生活之美

小安妮在一群喜欢吵闹的学生中显得格外突出,因为她总是安静地坐着,默默地望着窗外,似乎在欣赏风景,又似乎仅仅在发呆。米娅老师很好奇小安妮在看什么,放学后她来到安妮的座位坐下,往窗外看,但看见的却只是高高的水泥围墙和狭窄的一角蓝天。

安妮没有朋友，周围同学也觉得她很奇怪。

"她总是独来独往。"

"她除了发呆什么也不会。"

"她是我们班有名的'小哑巴'。"

……

米娅老师从学籍档案上了解到，在安妮九岁的时候，她的爸爸遭遇车祸不幸去世，她的妈妈数月后也抑郁而终。在一年内经历两位至亲的相继离世，原本活泼开朗的她一夜间变得沉默起来。世界似乎被黑暗笼罩，生活仿佛再无美好，小安妮逐渐将自己封闭，与外界隔离，甚至不愿开口说话，变成了别人眼中的"小哑巴"。

"真是一个可怜的孩子，我该如何帮助她呢？"米娅老师感受到了身上沉甸甸的责任，她希望能与安妮好好聊一聊。

"请问窗外是什么在吸引你？"米娅老师走到安妮身边轻声问道，嘴角带着亲切的微笑。

正望着窗外的安妮仿佛受到惊吓一般，慌忙将自己缩了起来，她垂着脑袋，没有看老师，也没有回答，全身上下都在发出拒绝交流的信号。

米娅老师有几分泄气，这时她的目光突然被桌上的课本

吸引了。

"哇！真漂亮！封面上的康乃馨是你自己画的吗？真是太美了！"即使只有铅笔的粗糙勾勒，也能看出花儿的娇美和圣洁。

听着老师真心的赞美声，安妮犹豫地点了点头，虽然依旧没有看自己，但也让米娅老师十分惊喜。她想到了一个好主意。

第二天上课时，米娅老师突然宣布了一个重要消息："同学们请注意！下个月十号我们这里会举办绘画比赛，我们班将推选五位选手参赛，他们分别是：戴维、丹尼尔、乔治、露西和安妮。"

在安妮难以置信的目光中，米娅老师带着微笑继续说道："为了给班级争夺荣誉，这五位同学近期需要辛苦一些，每天放学后都要留在学校练习。让我们一起为选手们鼓掌吧！"

"安妮，加油！"在一阵阵欢呼和掌声中，安妮听见有人在喊她的名字，在给她加油打气，她自我封闭的心有了一丝波动。

放学后，安妮想跟老师解释什么，但支支吾吾也没有吐出一个完整的句子。

米娅老师邀请了美术老师给五位选手进行指导。安妮虽然没有接受过专业的训练，但空白的画纸使她能够尽情地发挥想象力，也让她原本焦急地想逃走的心慢慢沉浸了下来，即使夜色渐浓，她也舍不得放下手中的画笔。

为了从老师那里得到更多的指点，安妮不得不磕磕巴巴地开口，主动与指导老师交流。这样过了一段时间，她说话变得流利了，同学们这才惊讶地发现，原来"小哑巴"并不是真哑巴。

经过一个多月的练习，安妮在绘画上的天赋逐渐展露出来，她的作品赢得了大家的赞赏。每天一同训练的几个小伙伴，逐渐建立起牢固的友谊，大家都很喜欢画画好看、待人随和又有点害羞的安妮，非常愿意和她成为朋友。

多年积压的负面情绪通过小小的画笔释放出来，浓烈的感情仿佛要溢出纸面，它与绚烂的颜色共同交织成一幅幅完美的画作。安妮果然不负众望，在绘画比赛中一举夺冠，每位同学见到她都竖起大拇指称赞她。一天，安妮惊讶地发现，她曾经日日凝望的那堵墙居然被装饰成了她的个人画作展览墙，供全校师生欣赏。斑驳的围墙被粉刷一新，并且挂上了五颜六色的图画，就像安妮心头逐渐愈合的伤口，她的人生不再是一片黯淡。

心理成长

　　安妮通过绘画，发掘自己的潜能，重拾对美好生活的追求，也变得自信、乐观、开朗起来，并结交到了许多的朋友。因此，我们在正常的人际交往中打开紧闭的心门，真诚、乐观地去拥抱身边的一切，一定可以结识许多新朋友。

永远不要害怕被嘲笑

丘吉尔的一生充满着传奇色彩，谁也想象不到一个小个子竟然能够蕴藏如此大的能量，不过比起丘吉尔那令人敬畏的英国首相的身份，他的演说家这一身份似乎更令人佩服。丘吉尔的能言善辩举世闻名，但是谁又能相信这样一位举世闻名的演说家小时候竟然是个结巴呢？

1874 年 11 月 30 日，丘吉尔出生于英语牛津的一个贵族家庭。但令人遗憾的是，丘吉尔并没有继承家族优良的基因，他不仅没有成为家族的骄傲，反倒常常成为他人的笑柄。

他上课的时候总是想东西想得出神，老师叫他几次都没有反应。这可把老师气坏了，问他到底在想什么，但他自己也说不清楚。在班上，他时常考倒数第一或第二。长辈们为这些事头疼不已，可他却丝毫不在乎。

迫于丘吉尔家族的势力，老师对丘吉尔又恨又怕，觉得丘吉尔所做的这一切都是在故意和自己作对。

有一天，老师发现在教室角落里的丘吉尔又是那副眼神呆滞、魂游天外的模样，便走过去问他："丘吉尔，你在这里做什么？"

丘吉尔完全沉浸在自己的世界里，丝毫没有觉察到老师的存在。老师见他又不理会自己，便生气地走近丘吉尔，使劲地拍着桌子大声喊道："丘吉尔，如果你再不回答我，你就给我出去！"丘吉尔这会儿才回过神来，懵懂地看着老师，惊慌起来，他张了张口，最终什么都没有说出来。

老师彻底愤怒了，大声嚷着："丘吉尔，你把你们家的脸都丢光了！以后，你只会是一只依附着家族混吃等死的可怜虫！"

丘吉尔顿时涨红了脸，慌忙挥舞着双手说道："不……我……我……我要做……做个演说……说家。"话还没说完，同学们就不留情面地大声笑了起来。

丘吉尔沮丧极了，回家的路上他低垂着头，耷拉着肩膀。这时他的同学们围上来，学着他说话的样子说道："丘吉尔，你……你连话……话都说……说不清楚，还……还想当演说……说家……你做白日梦吧！"说完他们哈哈大笑着跑开了，留下眼含泪水的丘吉尔。

丘吉尔想，说话结巴就不能成为演说家了吗？为什么大家都要笑话我呢？结巴的毛病不能改变吗？

回到家后，丘吉尔一声不吭，父亲觉察到他的变化，追问原因。丘吉尔看了看父亲，无奈地说道："我……我想当……当演说家。"

父亲惊讶地瞪大了双眼，不敢相信地看着他。这个眼神在丘吉尔看来，和同学们的不信任一样，令他感到愤怒和悲伤。丘吉尔立马跑进自己的房间，重重地把门关上，无论谁敲也不开门。

在房间里，他看着那面大镜子中矮小的自己，问道："丘吉尔，你还想当演说家吗？"回答是肯定的。于是丘吉尔慢慢放下了愤怒和急躁，对着镜子开始一个音节一个音节地练习："我——想——要——当——演——说——家。"很好，这次没有紧张到结巴，再来一次，这次要比上一次快、连贯。"我想——要——当——演说家。"太棒了！再来！"我想要当——演说家！"

"我想要当演说家！"当丘吉尔终于可以完整、连贯地说出这句话的时候，他打开了房间的门，重复这句话给门外一直担心自己的父亲听。

从那以后，丘吉尔不再害怕同学们的讥笑。虽然他还是会有紧张和结巴的时候，但是他都会努力地改正。他回家后

会不停地对着镜子练习，还会背诵大量的著名演讲词。最终，通过自己的努力，他成了真正的演说家。

心理成长

害怕被人嘲笑、自卑，就会在人际交往中变得拘谨和胆怯起来。丘吉尔在种种嘲笑和压力下没有逃避和放弃自己的梦想，而是在背后默默练习，脚踏实地地努力着。我们只有调整自己，让自身变得更好，才能从容地与人相处。

辩证看待得失

布莱迪是一位金发碧眼的小男生，他的个头儿不高，有些胆小内向，在班级里不爱表现自己，他最好的朋友是玩具小熊泰迪。

虽然已经十五岁了，布莱迪每天晚上还是要抱着泰迪熊才能入睡；每天早上他要与泰迪熊一起吃早餐；上学的路上也不忘把泰迪熊揣在衣兜里；课间休息时甚至一个人对着泰迪熊说悄悄话，从不参与同学之间的游戏。为此，布莱迪没少受同学们的嬉笑嘲弄，还被戏称为"长不大的布莱迪"。

星期一放学时，布莱迪反常地没有按时回家。"我的泰迪！"布莱迪一边在绿化带里翻找着，一边歇斯底里地叫喊着，"我的泰迪熊不见了！"

"够了！"爸爸严厉地呵斥道，"不过是一只玩具熊而已，丢了就丢了，快跟我回家去。"

"不！泰迪不只是一个玩具，他是我最好的朋友！"布莱迪绝望地嘶吼道，眼泪鼻涕早已经模糊了整张小脸，但不近人情的爸爸直接把他扛回了家。

"呜呜呜……我不要吃饭，我要我的小熊。"布莱迪企图以绝食的方式说服爸爸，但这种方法并无成效。半夜十二点，实在饿得不行的布莱迪悄悄打开房门，准备去厨房找点食物。

"哇！"布莱迪十分惊讶，他看见一只超大号的玩具熊守护在他的门口。

"布莱迪，你好！"超大号的玩具熊说话了。

"你……你好！"布莱迪既紧张又兴奋地回应道。

"我是小熊泰迪的爸爸。"超大号的玩具熊自我介绍完后接着说道，"因为我和泰迪的妈妈都太思念泰迪了，所以把它接回了家，希望得到你的谅解。"

布莱迪低下头，自言自语道："原来是泰迪的爸爸妈妈接走了它？"

"所有的父母都不愿意跟自己的孩子分离，不论是物理的距离，还是心与心之间的分离。""熊"爸爸深深注视着布莱迪说道，"就像你的父母一样，他们很渴望与你打破心的隔阂，希望你能获得更多的东西。"

布莱迪抬起头，看着"熊"爸爸的眼睛问道："更多的东西？"

"你的爸爸妈妈都希望你能获得更多的朋友。""熊"爸爸意味深长地强调道，"真正的朋友。"

"真正的朋友？"布莱迪不解地反问道。

"你需要辩证地看待失去泰迪这件事情。""熊"爸爸解释道，"虽然这是一件伤心事，但是你也能因此找到其他真正的朋友，是能够与你直接交流，也能够陪伴你的真心朋友。"

"我明白了，谢谢你，爸爸。"布莱迪笑着说道，"你脚上的拖鞋出卖了你，还有玩偶服正面的拉链。"

被揭穿的爸爸忍不住哈哈大笑了，父子俩终于得以冰释前嫌。

"辩证地看待？"布莱迪睡觉前依然在嘴里默念着这几个字，没有泰迪熊的陪伴，他辗转反侧，"我怎么才能找到真正的朋友呢？"

第二天，布莱迪挂着两个大大的黑眼圈走进了教室，却见到班里的小霸王安德鲁惴惴不安地等候在他的座位边。

还不等布莱迪询问，安德鲁就率先鞠躬道歉："对不起。"

布莱迪满脸疑惑地待在原地，只见安德鲁缓缓从衣兜里掏出了布莱迪心心念念的泰迪熊。

泰迪熊此时的模样惨不忍睹，脑袋上还有一条蜈蚣一样的缝合线，但更引人注目的是安德鲁的手。两只手的手指都布满了大大小小的伤痕，很明显是缝合小熊时扎伤的。

"对不起。"安德鲁忐忑地再次道歉，"我知道小熊是你最重要的朋友，我曾经也有一只这样的小熊，后来被我弄丢了。所以我才忍不住拿走了你的小熊，想玩一个晚上。但是我昨天晚上带回家玩时不小心把小熊划了一道口子。很抱歉没有经过你的同意就带走了它，而且我真的不是故意伤害它的。"安德鲁难过地说，"你一定无法原谅我……"

"谢谢你。"布莱迪小心地接过小熊说道，"谢谢你帮我缝好了小熊。"

"你原谅我了？"安德鲁震惊地再次确认道。

"是的，我原谅了你。"布莱迪说道，"虽然我很难过小熊被弄坏，但我也见到了你道歉的真心。"布莱迪把小熊放回衣

兜，向安德鲁说道，"我们先去医务室，帮你的手涂点药吧。"

"谢谢你的原谅。"安德鲁感谢地说，"布莱迪，我们能成为朋友吗？"

布莱迪注视着安德鲁的双眼，笑着说道："当然，我的朋友。"

心理成长

事物常常具有两面性，乐观的人总能理性对待事物，辩证地对待得失。不拘泥于失去，主动探寻事物的积极面，理性地生活，我们才能在人际交往中更加从容。

付出是相互的

春秋时期，有一个人叫左伯桃，他非常有学问，却一直没找到报效国家的机会。突然有一天，楚王发布了招纳贤才的命令，很多有才华的人都想去试一试，左伯桃虽然已经五十岁了，但也收拾了行李，踏上了前往楚国的道路。

一路上，左伯桃风餐露宿，十分辛苦。有一天，天空突然下起了大雪，寒风吹得人瑟瑟发抖，左伯桃穿着单薄的衣服走在路上，很快全身都湿了，却没有找到一个能躲避风雪的地方。

天色渐渐黑了，就在左伯桃以为自己要冻死在这里的时候，惊讶地发现前方的竹林里透出了一点亮光，他连忙走过去，果然有一座竹屋。左伯桃欣喜地叩开了竹屋的门，然后对竹屋的主人说："我是西羌人，名字叫左伯桃，想去楚国，不料途中遇到了风雪，实在找不到住宿的地方，想向您借宿一夜。"

竹屋的主人听了之后，立刻把左伯桃迎了进去，并且热情地为他准备了酒菜，还燃起了火堆，方便左伯桃把衣服烤干。

左伯桃感激主人的帮助，饭后两个人聊起天来。原来，竹屋的主人名叫羊角哀，今年四十多岁，从小喜欢读书，一个人独住在这里。交谈后，两个人互相欣赏对方的人品和学问，于是结为了异姓兄弟。

接下来的几天里，风雪一直都没有停，在羊角哀的盛情挽留下，左伯桃一直住在他的家里，两个人谈天论地，越来越投机。于是左伯桃忍不住劝说羊角哀和他一起前往楚国，共同闯出一番事业。

等到风雪停下的时候，羊角哀听从了左伯桃的建议，收拾了家中的衣服和干粮，和左伯桃一起上路了。但是，往前走了一段路之后，风雪再次来袭，路面变得非常湿滑，两个人只能相互扶持着往前走，所以走得很慢。

因为两个人的家里都非常贫穷，所以身上穿的衣服并不多，干粮也渐渐地减少，可是前面的路还有很远。终于有一天，他们走到了一座大山里，又累又饿的左伯桃说："与其两个人一起冻死在这里，不如我把衣服脱下来给你穿，你一个人前往楚国，等到做了官之后，再回来埋葬我。"

羊角哀说什么也不肯，但是左伯桃下定了决心，坚持脱下衣服，很快就被冻死了，于是羊角哀只好强忍着悲痛穿上了左伯桃让给他的衣服，带着剩下的干粮，长途跋涉来到了楚国，并很快得到了楚王的重用。

但是，做了官的羊角哀始终没有忘记左伯桃这个朋友，于是向楚王说明了情况，回到了之前的那座山里，将左伯桃厚葬了。为了表达对左伯桃的哀思，他还在左伯桃的墓旁搭建了一座茅屋，住在那里缅怀自己的朋友。

心理成长

天下没有免费的午餐，只有付出真心与努力，才会有回报，人与人之间的关系也是如此。真正的感情不是单方面的付出，而是两人互相付出，互相回报。你来我往才是真理。

第二章

认知情绪，
培养孩子的情绪管控力

坏脾气的钉子

有一个十分任性且性格急躁的小男孩，说话很粗野，以至于遭到周围同伴们的厌恶。渐渐的，他几乎没有了朋友，为此他常常感到苦恼。这时，这个小男孩的父亲告诉他："当你控制不住自己要发脾气的时候，就在门前的那棵树上钉一枚钉子。"

那个小男孩儿照着父亲的话，认真地去做了；而且，他也常在心里暗暗劝自己，下次一定不能这样爱生气、乱发脾气了。刚开始的时候，他钉了很多钉子。渐渐的，钉子越来越少了，他爱发脾气的毛病也得到了控制。

有一天，他兴奋地对父亲说："爸爸，我已经有好长时间不钉钉子了，我学会如何克制自己的脾气了，对于那些不讲道理的人也有办法应对了。现在我和身边朋友们的关系也越来越融洽了。"

父亲也面带微笑地回应，说："你学会了以平和的心态去

对待他人，这正是我想要看到的结果。以后，每当你平和处理了与别人之间的矛盾，不再无故地伤害别人时，就从树上拔掉一枚钉子。"

在以后的日子里，这个小男孩儿就按照父亲的话去做。渐渐的，树上的钉子都被拔光了，小男孩儿也完全改掉了爱发脾气的毛病。当他高高兴兴地向父亲汇报时，父亲很平静地带他来到了树木旁，指着那些密密麻麻的钉子眼儿说："孩子，每当因你的脾气暴躁而伤害了别人以后，留在人们心上的伤疤就像这些钉子眼，是很难消除的；伤害一个人很容易，恢复美好的情感却是相当困难的。"孩子羞愧地低下了头，对自己以往的过失懊悔不已，更加坚定了改正的决心。

心理成长

　　易怒、爱生气是一种不理智的行为，更是对自己情绪的任意放纵，不仅会对我们自己的身体或者精神带来不好的影响，还会直接影响与身边人的相处。所以，做人要心胸开阔些，遇到不顺心的事要头脑冷静，理智对待。心有多大，快乐的舞台就有多大；另外，我们需加强个人的思想道德修养，做一个有修养、胸怀宽阔、肚量大、有涵养的人。

系好鞋带

克莱夫八岁大的女儿有一天回到家里时很烦躁，不想玩儿也不想看书。克莱夫把她抱在怀里问她原因。

"没什么。"她眼睛看着地板说。

"是不是邻家那个孩子又欺负你了？"他问女儿。

"不是，爸爸，我只是感到不开心而已。"

他顺着她的眼光望向她的帆布鞋，看到鞋脏了，鞋带也散开了。"你的鞋带散开了。"克莱夫说。

"是的，我不断被绊倒。"

克莱夫把她放在沙发上，然后跪着替她把鞋带系好。他再抬头看她，她正望着自己，脸上似乎有了快乐的表情。"现在感觉怎样？"他问女儿。

"好了，爸爸——好多了。"

克莱夫了解那种感觉。他们没有长谈怎样待人处世，争取高分或长大成人的重要。他们只是解决了那一点因鞋带散开，不断绊倒而产生的烦恼。

有时候困扰我们、影响我们情绪的只是一件微乎其微的小事，我们只要换个角度，积极去处理，很快问题便能解决，情绪也能得到扭转。

糖的哲学

有一个小僧不停地抱怨这抱怨那。

有一天早晨，老和尚就派小僧去取一些糖回来。

当小僧很不情愿地把糖取回来后，老和尚让小僧把糖倒进水杯里，然后喝下去，并问他味道如何。

小僧吐了出来，说："太甜了。"

老和尚笑着让小僧带着一些糖，跟着他一起去湖边。

他们一路上没有说话。

来到湖边后，老和尚让小僧把糖撒进湖里，然后对小僧说："现在你喝点儿湖水。"

小僧喝了口湖水。老和尚问道："有什么味道？"

小僧回答道："很清凉。"

老和尚问："尝到甜味了吗？"

小僧说："没有。"

然后，老和尚坐在这个总爱怨天尤人的小僧身边，握着他的手说："人生的烦恼与不快乐就如同这些糖，没有我们承受不了的，只需我们感到痛苦的时候，把我们的容积——我们的心胸放大些。"

心理成长

痛苦与不如意是有限的，只要我们肯敞开心胸，往好处想，一切痛苦都将会烟消云散。人生一世，不可能事事顺心，处处平坦，总是有甜也有苦，放宽心态，别苛求，以平常心对待我们身边的人和事，才会欢乐多多。

幽默大师的快乐之道

在 1898 年，幽默大师威尔·罗吉士继承了一个牧场。

有一天，威尔·罗吉士的一头牛突然闯入附近一个农户的田里，还偷吃了玉米。不幸的是，这头牛最后被农户杀死了。

依据当时牧场和农田的共同约定，农夫应当通知罗吉士并说明原因，这样双方才算正确处理有关纠纷。但是不知为什么，一意孤行的农夫却没有这样做。

威尔·罗吉士听说这件事后，非常生气，尽管当时的天气不好，正赶上一股强烈的寒流，但他还是怒气冲冲地带着仆人去找农夫理论了。当他们走到一半路程的时候，他和仆人都快被冻僵了，人和马车都挂满了寒霜。

最后，他们两个人总算艰难地到达了农夫居住的小木屋，可惜农夫却不在家，农夫的妻子热情地招待他们进了屋。进屋后，罗吉士看见农妇消瘦憔悴的面庞，以及五个像瘦猴一样的孩子。

没有多长时间，农夫就回来了。农妇指着罗吉士告诉他："他们两个是冒着寒风来找你的。"

这时的威尔·罗吉士本想和农夫理论一番，不知为什么，他却停住了，并伸出自己的手。农夫却完全不知道他俩的来意，他热情地与他们握手、拥抱，并热情地邀请他们共进晚餐。

用餐的时候，农夫充满歉意地说："真不好意思，只能委屈你们吃些豆子了，本来可以有牛肉吃的，但是遇着了这样的鬼天气，没有准备好。"

在一边的五个孩子听说有牛肉吃，眼里顿时有了神采，变得异常兴奋起来。

威尔·罗吉士的仆人一直等着他处理杀牛的事宜，但威尔·罗吉士却好像全忘了此行的目的，还与农夫的家人一起开心地说笑。

晚饭过后，天气依然恶劣得很，热情的农夫一家要求他们两个人一定要住下，等天气好了再回去，威尔·罗吉士和仆人盛情难却，便在农夫家里住了一夜。

第二天早上，他们在用了一顿丰盛的早餐之后，就向农夫一家告辞而去。

这次冒着寒流前去问责，威尔·罗吉士却自始至终没有提及真正的目的。所以，在回家的路上，仆人忍不住问他："我以为你会为了那头牛讨个公道呢！"

威尔·罗吉士微笑着说："刚开始我是很生气，是有这个念头的，但后来我决定不再追究了。这一趟我们没有白跑，我也没有白丢一头牛，农夫一家人让我看到了人情味，这是金钱永远换不来的。"

在这个世上，匆匆几十年的人生一晃而过，凡事可以宽宏大度些，如果凡事斤斤计较的话，只会错过更多的欢乐，给他人、自己带来无穷尽的烦恼……

宽恕别人就是善待自己

从前，有一位很富有的人，在他年事较高时，便决定把家产分给自己的三个孩子。但是，在分财产之前，他有个要求，就是要三个儿子去游历天下做一桩生意。

临行前，这个富有的人就告诉孩子们："你们一年后要回来，告诉我你们在这一年内，所做过的最高尚的事。我不想把财产分割成一点点的，集中起来分在一个人身上才能让下一代更好地利用起来；只有一年后做过最高尚事情的那个孩子，才有资格得到我所有的财产。"

一年过去了，三个孩子如约回到了父亲身边，并兴高采烈地向他汇报了各自这一年来的所获。

老大说："在我游历期间，曾遇到一个陌生人，他十分信任我，将一袋金币交给我保管。后来他不幸过世，我将金币原封不动地交还给了他的家人。"

父亲说："你做得很好，但诚实是你应有的品德，称不上是高尚的事情！"

老二接着说："我到过一个贫穷的村落，见到一个衣衫破旧的小乞丐，不幸掉进河里。我立即跳下马，奋不顾身地跳进河里救起了那个小乞丐。"

父亲说："你做得很好，但救人是你应尽的责任，也称不上是高尚的事情！"

老三迟疑了一下说："我的一个死对头，他千方百计地陷害我，有好几次，我差点儿在他手里遭了大罪。在我这次旅行途中，有一个夜晚，我独自骑马走在悬崖边，恰巧就发现了他，而且他当时正睡在悬崖边的一棵树旁。我只要轻轻一脚，就能把他踢下悬崖，但是我没那样做，而是走开了，因为我想这实在不算什么大事。"

听到这里，父亲正色道："孩子，能控制自己的情绪，而且原谅自己的仇人，是高尚而且神圣的事，你办到了，我所有的财产都将属于你。"

的确如故事中的老人所言：能控制自己的情绪，而且宽恕自己的对头，是件高尚而神圣的事！面对身边一些令自己不开心的人或事，愤怒，斥责，甚至报复，是可以理解的，但再想一想，这样做不仅是于事无补的，还会让我们失去理智，陷入无限的烦恼和痛苦中。而控制自己的情绪，宽恕别人，不只是原谅他人，也是在善待自己，可以让我们得到更多的朋友，收获更多的幸福！

做人何必忧心忡忡

汉里斯是某大饭店的总裁，然而他却因为常常忧虑发愁而得了胃溃疡。

一天晚上，他的胃病严重到出血了，便及时被送到了医院。在医院里，有三个医生对他进行了会诊，其中有一个是非常有名的胃溃疡专家。他们一致认为汉里斯是"无药可救"了。汉里斯在医院里只能吃苏打粉，每小时吃一大匙半流质的食物，以便把里面的东西洗出来。

这样的痛苦一直持续了好几个月……

最后，汉里斯对自己说："汉里斯，如果你除了等死之外，没有其他什么别的指望了，那不如好好利用你剩下的这一点时间，做点什么。"

汉里斯一直以来的愿望是环游世界，但总是因忙而没有时间，此时他决定该马上行动。当他告诉医生自己的这一环游世界的计划时，他们都大吃一惊。医生们警告他说："如果你非要环游世界，估计就只有葬在海里了。"

"不，我不会的。"汉里斯坚定而伤感地回答说："我已经答应过我的亲人，我要葬在老家的墓园里，所以，我打算把我的棺材随身带着。"

之后，汉里斯真的去买了一具棺材，然后和轮船公司商量好了棺材要随同他一起出行，而且他还嘱托人家，万一自己真的坚持不过去的话，就把尸体放在冷冻舱里，一直到回到老家的时候。

于是，汉里斯踏上了旅程。一路上，汉里斯抛开一切忧虑，专心享受着最后的时光。渐渐地，他不再吃药，也不再洗胃了。不久之后，他任何食物都能吃了，甚至包括当地许多奇奇怪怪的食品和调味品。几个礼拜过后，他甚至可以抽长长的黑雪茄，喝几杯老酒。多年来汉里斯从来没有这样享受过，

甚至后来遇见台风他也没有为此忧虑过。

汉里斯在船上和不同的人玩游戏，唱歌，晚上聊到半夜。当船航行到印度后，汉里斯发现曾经或忙碌或忧心的事情与在这里见到的贫穷和饥饿比起来，简直像是天堂与地狱。因此，他停止了所有无聊的担忧，身心也觉得舒服多了。

回到家后，他几乎完全忘记自己曾患过胃溃疡，而且开始了每天快乐地工作与生活的日子。此后他再也没有犯过病，一直活得非常健康、快乐。

心理成长

汉里斯的经历告诉我们：忧虑是一剂自杀的慢性毒药，而克服我们内心忧虑最好的医师只能是自己。生活里，没有过不去的难关，管理好自己的情绪，乐观坦然地笑迎一切，才能享受到美好的明天！

小巷子的早晨

天已经亮了，一个叫烧饼巷的小街道还沉浸在蒙蒙的小雨中，就像没睡醒一样。

唯独炸油条的、烤葱饼的、卖稀饭的，早就出了摊，摊子上都撑着大伞，伞下吊着不大亮的灯泡。

无论下雨刮风，住在这条小巷子里的人起床后的第一件事，就是上茅厕，即便是住楼房的人家，家里有豪华卫生间，也是上惯了小茅厕。多年的习惯了，一大早起来，拖着鞋，夹着烟，打着哈欠，往那个臭烘烘的小茅厕跑。第一面见到隔了夜的老街坊，必要问一声："早！"

"早！"

随着"哒，哒"的拖鞋声，街坊们便聚到了小茅厕门前，而且很自觉地站成两队，男的站在男茅厕边，女的站在女茅厕边。男人们喜欢抽支"瞌睡烟"，提提神。女人们打着哈欠，理着蓬乱的头，相互说话。抽烟也好，说话也好，其实都是在敷衍，目的还是要赶紧排泄掉憋了一晚的内急。

不一会儿，路那边又过来一个十来岁的男孩儿，是个学生，手里拿着本厚厚的书，一边看着，一边往队里挤，可是他不挤男队，反而扎进了女队。

顿时，两队的人都停止了说话，眼睛一齐望向那男孩。

"这谁家的孩子？看书看傻了吧？站哪队了都？"

别人说别人的，那男孩就当没听见，仍旧看他的书。

他站哪，男人们无所谓，倒是女人们开始嘟囔了，眼睛

里还充满了敌意，叽叽咕咕，指指戳戳：这小赤佬，自己是男是女都不知道啊？尽往女人队钻，耍流氓啊？这哪像学生？看那样厚的书，难道连茅厕门头上的"男"和"女"都不认识了？

一个头顶上盘着一堆乱发的胖阿姨发现身后突然插进来一个男孩子，马上觉得浑身不舒服起来，就想提醒他一下，掉转头："哎！哎！"可这胖阿姨光"哎"，却没说明什么。

那男孩儿一听，眼睛离开书，对那乱发的胖阿姨白了一眼。

胖阿姨马上嘴一撇，自言自语："哟哟哟！好心变成驴肝肺啦？"

那男孩儿没理会，干脆继续低头看自己的书了。

一会儿，那胖阿姨愤愤地进了茅厕。

男孩儿立即收起书，踮起脚后跟，转身朝马路边的烧饼铺大喊一声："妈！快来！"

心理成长

读完故事之后，我们才明白真相——哦，这个男孩儿是来给妈妈排队的。他是一个孝顺懂事的孩子，原来责怪他的那些人都弄错了。当然，生活中的这些事我们可能遇不上，但如果真的遇上了，在不明真相的情况下，我们还是控制一下自己的情绪，少发议论，先等一等、听一听，等事情有了点眉目，再说话也不迟。

遇事沉着冷静

有个 20 岁的大哥哥，为了能让成绩优异的妹妹上大学，自己跑到工地上去挖隧道挣钱了，可不幸的是，他第一次走进隧道，就遇到了塌方。

隧道里顿时有人放声大哭起来，甚至有人拿自己的头往岩石上撞。这个大哥哥也感到很绝望，但是突然间，妹妹稚嫩的脸庞和父母悲伤的面孔窜入了他的脑海，"若是自己死了，谁来照顾我的家人呢？"他这样想着，便努力使自己镇定了下来。

接下来，大哥哥试图控制隧道里的局面，于是他冷静地说道："大家不要慌，我是新来的工程师，要想平安出去就听我的指挥！"听了他的话，隧道里的人犹如吃了一颗定心丸，开始安静下来。

他对隧道里的人说："第一，大家要静心等候，外面肯定有人正在组织救援。第二，一定要睡觉休息，保存体力。第三，隧道里到处是水，水是生命之源，我们现在要开始收集水。"

其实他还有一件事没有告诉隧道里的工人，在他的口袋里还有两个馒头和一块电子手表，馒头可以用来充饥，手表可以用来计算时间。

第三天过去了，隧道里始终看不见一丝光线，这时，他从口袋里掏出了一个馒头，每人分了一小口。

到第五天的时候，他们才终于听见外面钻机风镐的轰鸣声，于是，他赶紧把最后一个馒头平分给大家吃了。

最后，隧道里的人全部得救，他们躺在病床上的时候，才发现，那个几天前在隧道里安抚人心、主持大局的冷静"工程师"竟然和他们一样，是一个新来的年轻小工。

心理成长

生活的经验一再提醒我们，遇事一定不能着急，慌了神，否则会出现更多不必要的失误和麻烦。若想改变当前遇到的困境，我们一定要学会调试自己的心态和情绪，试着让自己冷静下来，然后再去寻找解决的办法，总会有出路的。

心浮气躁的年轻人

一个小伙子在河边钓鱼，旁边是一位白发苍苍的老人，他们都守望着一根长长的钓竿。

时间一分一秒地过去了，年轻人的鱼饵始终"无鱼问津"，他着急得都有些坐不住了。扭头看了看身边稳坐的老人，年轻人简直是目瞪口呆：为什么老人家运气那么好，时不时地就能钓到一条银光闪闪的大鱼呢？

年轻人终于按捺不住内心的好奇，略带嫉妒地问道："老爷子，我们在这同一条河里钓鱼，您也没用什么特别的鱼饵，为什么鱼儿乐此不疲，纷纷咬上您的鱼钩，而我连一条小鱼都钓不到呢？"

老人听了，微微一笑，悠然地捋着白胡子说道："我钓鱼时，只是安静地守在一边，河里的鱼儿根本就感觉不到我的存在，所以，它们才会毫无顾虑地咬我的鱼饵；而你钓鱼时，时不时地动一动鱼竿，还不停地唉声叹气，如此心浮气躁，都把前来觅食的鱼儿吓跑了，哪还能钓到鱼呢？"

心理成长

　　心浮气躁，是各种心理疾病的根源，也是我们前行路上的绊脚石。不管学习还是做事情，都要把心态放端正，一步一步地扎实迈进，才能有收获，心浮气躁只会影响我们，甚至实现不了我们奋进的目标。

能控制情绪的人，才能掌控人生

　　汉高祖刘邦去世后，吕后掌握大权。

　　一天，嚣张的匈奴单于遣使向吕后送来书信，说他自己是个寂寞的君王，而吕后的丈夫也去世了，两人正好可以在一起。

　　一向性格刚烈的吕后，岂能忍受这样的屈辱！她立刻召集陈平、樊哙、季布等人，商议要杀了使者，然后发兵进攻匈奴。

　　但当时，汉朝元气还未恢复，根本不是匈奴的对手。季布道："匈奴人就像禽兽一样，听见他们说好话也不值得高兴，

听见他们说不中听的话也不值得动怒。"吕后是个深明政治、军事的人，自然明白季布是在劝自己不要因一时的愤怒而做出错误的决断。

冷静下来的吕后，回信一封，写道："单于不忘我们这个小地方，赐下信件，我们举国上下，莫不诚惶诚恐！单于雄伟，正在盛年，可惜我吕雉色衰神弱，发齿尽脱，行步蹒跚，见单于岂不羞惭？谨献上后宫美女三十名，锦帛十万匹，御用精米八十万斛，精酿宫酒百石，敬请大单于笑纳。"

吕后的这种行为看似是软弱，但是却为汉朝赢得了休养生息的机会，后来才有了"文景之治"的国富民强和汉武帝大战匈奴。

心理成长

当我们在人生中面对逆境时，要学会冷静看待，跳出烦恼，适当示弱，然后积极进取，以图后进。只有在遇到困难的时候沉住气，才能等到日出。

身安不如心安，屋宽不如心宽

有一位老太太有两个儿子，大儿子是卖盐的，二儿子是卖伞的。这两种生意都要看天气，天气晴朗时，就可以晒出很多盐；阴雨时，买伞的人就很多。两个儿子都不在意天气会厚此薄彼，但是老太太看在眼里却很着急，一连几天吃不下去饭。

两个儿子看见就急了，这可不能让老娘病了啊。他们便去安慰老太太，但是效果不大，给老太太喂了点米粥才睡着了。老大和老二商量着得想个办法。

第二天，两个人做生意的时候便找客人们询问意见，有一个熟客一听就笑着说："这事好办，交给我了。"老大就赶紧叫上老二将熟客带回家。

只听那熟客隔着门帘大声说："老太太，晴天你家老大盐卖得好，阴天你家老二的伞卖得快，不管是晴是雨你家都生意兴隆，老太太你可真有福气。"不一会儿，老太太就从门

帘后走出来，满脸笑容，热情地拉着熟客的手对他表示感谢。两个儿子也感激不尽。

心理成长

人只要把心放宽，那么生活就不会有烦恼。在他人看来至关重要的事，却不为所动。成也好，败也罢，做到最好就行。拥有一颗平常心，会让你的世界更加宽广。

越是危急时刻越要淡定从容

东汉末年，宦官与外戚在朝廷争权。外戚为杀宦官，招了西凉的军阀董卓进京。结果董卓乘机独揽朝政，废黜少帝，擅立陈留王为汉献帝，对于不服从的官员，进行大肆屠戮，弄得满朝文武人人自危。

一天，很有名望的司徒王允以生日宴会为由，请了很多大臣到家里聚会。酒过三巡，王允忽然控制不住情绪大哭了起来。

有大臣惊问道："王大人，今天是您的生日，为什么这么悲伤啊？"

王允叹息道："今天哪里是我生日，这只是怕董卓这个老贼怀疑我的一个由头罢了。如今董卓横行霸道，朝政混乱，什么时候是个头啊？"

这时，却听见有一个人拍掌大笑道："满朝文武大臣，就算从现在哭到天亮，再从天亮哭到天黑，还能哭死他董卓不成？"

王允抬头一看，说话的是年轻的骁骑校尉曹操，便斥责道："你曹家也是吃皇粮的，不思报国，还敢嘲笑我们？"

曹操说："您老别误会，我是觉得大家这么哭，实在是无济于事，不如找个办法杀董卓啊。我虽然没什么大本领，却愿意去杀了董卓，砍掉他的人头，给天下人一个交代。"

王允看见曹操胸有成竹的样子，便悄悄地离席问道："你有法子杀掉董卓？"

曹操说："董卓那老贼比较相信我，我能够佩刀进入他的府邸。我想借司徒您的那把宝刀，进入丞相府找机会去刺杀董卓。"

第二天一早，正好董卓有事找曹操商议，曹操就带着宝刀去了丞相府。他一路走到董卓的卧室，看见董卓坐在床上，董卓的干儿子吕布也在一旁，董卓说："你怎么现在才到啊？"

曹操答说："我的马不太好，走得太慢。"

董卓对吕布说："你去马厩中挑一匹我从西凉带过来的良马送给他吧。"吕布便领命出去了。

这正合曹操的心意，本来他还觉得有吕布这个猛将在，自己的胜算不大，现在吕布一走，曹操觉得机会来了，便要拔刀，又怕董卓气力大，从正面不好下手，便耐心地等待机会。由于董卓身体肥胖，坐了不一会儿就累了，便转过身躺到了床上。说时迟那时快，曹操马上把刀拔了出来，正要向董卓背后刺去，不承想董卓从窗前的镜子里看到了曹操拿着刀站在他背后，便连忙转过身来喝问："你想干什么？"

这时，曹操看到吕布已经牵着马到了门口。曹操心想坏了，自己的举动被发现，吕布马上也要回来了，如今拼死一搏也很难成功，想到这儿，他便急中生智地把刀捧起，跪到了董卓面前机智地说："大人，这把刀是我要献给您的礼物，以报答您对我的知遇之恩。"

董卓见曹操面不改色，就把刀拿了过来，只见这把宝刀长约一尺有余，上边镶有 7 种颜色的宝石，刀锋闪着寒光，他知道这的确是一把世间罕见的宝刀。董卓就很高兴地收下了宝刀，然后，便领曹操出房看马。

曹操看到董卓送给他的马的确不错，便谢恩道："这是匹好马啊，但是不知道骑起来怎么样，待我出去骑骑看。"说着曹操便赶紧跃上马背，策马扬鞭头也不回地逃走了。他知道刚才自己有很多破绽，等董卓反应过来，自己必将有杀身之祸。

心理成长

生活中我们遇到突发变故的时候，不能着急，不要因恐惧而乱了方寸。就像冷静机智的曹操一样，遇事我们只有沉着应对，冷静思考，善于分析，困难才会迎刃而解。

成长中的亚历山大

因为篮球比赛的压力，亚历山大最近一直深陷在急躁的情绪之中。

今天是非常糟糕的一天，亚历山大不仅在训练的时候与教练发生冲突，上课的时候也因为与同桌争吵被罚站半小时。而且吃完饭的时候，亚历山大因为不小心嚼到一块讨厌的生姜，气愤地将自己的餐盘推到了地毯上。

原本温馨的晚饭氛围顿时降到了冰点，未满周岁的妹妹被吓得哇哇大哭。妈妈瞪了亚历山大一眼，抱着妹妹回了房间。

转眼间餐桌上只剩下亚历山大父子二人。

爸爸站起身拍拍亚历山大的肩膀，说道："把地毯收拾好后来书房，我想我们需要好好聊聊。"

亚历山大的心脏紧张一跳，一时的头脑发热过后，他终于意识到自己刚刚的行为是多么过分。

爸爸给自己泡了一杯红茶后，慢悠悠地回书房了，留下亚历山大一人收拾残局。

亚历山大先将饭菜捡起来，然后找来清洁剂和抹布使劲地擦洗着地毯，然而地毯上还是有一大块油渍，怎么也清除不掉。

两个小时后，亚历山大心惊胆战地敲响了书房的门："爸爸，我来了。"

"进来吧，我一直在等你。"爸爸回道。

"抱歉让您久等了，实在是因为地毯太难清理了。"亚历山大抱怨道，"我的手都快脱臼了，却还是洗不干净。"

"这块污渍就像你在别人心里留下的阴影一样。"爸爸语重心长地说，"这是你放任负面情绪必须承受的后果。"

亚历山大懊悔地说道："爸爸，对不起，我不应该乱发脾气。"

"孩子，有负面情绪是正常的。"爸爸安抚道，"我们都非常理解你面临的压力，也理解你释放情绪的需求。"

"真的吗？"亚历山大怀疑地问道。

"当然，我的孩子。"爸爸鼓励道，"可是下一次你需要找到更合适的方式来管理自己的情绪。"

"爸爸，谢谢您，"亚历山大感激地说，"我一定会铭记您的教导。"

第二天，亚历山大又和自己的队友丹尼斯发生了一点小矛盾。亚历山大深吸一大口气，准备找教练做一个合理的裁决。没想到丹尼斯这个身高一米八的大个子居然哭了。

"哎！你怎么哭了？"亚历山大手足无措地说道，"这要让别人看见了，还以为我打你了。"

丹尼斯却越哭越凶，吼叫道："我哭跟你没关系，你快走！"

"真跟我没关系？"亚历山大怀疑地问道，"不是因为我刚刚骂了你吗？你真有颗玻璃心，也不嫌丢人。"

"我才不是玻璃心，我就是因为压力大想哭而已，跟你没关系。"丹尼斯边哭边生气地说道，"你走不走？你不走我就走了。"丹尼斯边说边抹着眼泪往外走。

"别急着走。"亚历山大拉住丹尼斯坐回原地，放缓语速说道，"咱俩聊一聊吧。"

"我没心情跟你聊天。"丹尼斯懊恼地说，"你绝对不能把这么丢脸的事说出去，不然我就没脸见人了。"

亚历山大想到爸爸昨晚说的话，安慰道："哭有什么丢人的，这是正常的情绪发泄。"

"正常吗？"丹尼斯抹抹眼泪问道，"男子汉不是应该像电视剧里说的那样流血流汗不流泪吗？"

"当然正常，有负面情绪就一定要发泄出来。"亚历山大决定拿自己的例子来安慰丹尼斯，"能哭出来已经是很好的发泄方法了，我昨晚把饭菜弄洒了，清理了两个多小时的地毯，整个人累得筋疲力尽。"

丹尼斯好奇地问："你也是因为比赛压力大吗？"

"是的，这次比赛对我非常重要，我非常想赢。"亚历山大坚定地说道。

"哈哈，那我们一起加油吧！"丹尼斯笑着说道，并且向亚历山大伸出一只手掌。

"这明明是正常发泄，我可不是爱哭鬼。"丹尼斯擦干眼泪说道，"也比你这个暴力狂好，清理地毯的教训这么快就忘了吗？"

亚历山大反驳道:"我今天可控制好了自己的坏情绪,跟你发生争论的时候也没有做出过分的事情。反而是你这个爱哭鬼在那儿大哭。"

丹尼斯大声打断道:"我不是爱哭鬼!"

"哈哈!"两个好朋友边走边互相打趣,有说有笑,十分和谐。

心理成长

每个人都有各种各样的情绪。亚历山大最初并没有正确认识和发泄自己的负面情绪,爸爸在书房和他谈话,他才认识到自己的负面情绪会对自己甚至他人造成难以挽回的伤害。后来他与丹尼斯化干戈为玉帛。情商高的人往往能采取妥善的方法处理自身情绪,在不伤害他人和自己的基础上,营造一个良好的生活、学习、工作氛围。

第三章

感知生活，
培养孩子的自信

微　笑

　　小晨是个性格内向的学生，阅完的试卷一发下来，他的眉头就锁在了一起，他只考了 56 分。一个考试从来不能及格的学生，自信心有多差就不用说了。

　　老师合上教案，面无表情地走出了教室。小晨跟了上来，他喉咙动了一下，然后眼泪就要掉下来了。老师站住了，等他说话。同学们也围了上来，只见他的脸涨得通红，但他的嘴唇好像紧紧锁住了似的。

　　他递过来一张纸条：老师，我的外语太差了，您能不能每天放学后为我补一个小时的课？

　　老师顿了顿，没有马上答应下来，而是牵着小晨的手到僻静处，说："老师答应你的要求，可这两天我太忙，你等等好不好？"小晨有些失望，但还是点点头。老师脸上显出一丝笑意，接着说道："你必须先借一样东西给我！好吗？"小晨着急起来，可还是说不出一句话。"你每天借一个微笑给我，

好不好？"

　　这个要求太出乎小晨的意料了，他很困惑地看着老师。老师耐心地等待着，小晨终于眼含泪花艰难地咧开嘴笑了，尽管有些情不由衷。

　　第二天上课，小晨抬头注视着老师，老师冲他微微一笑，但小晨赶紧把脸避开了，显然他还不习惯对老师的回应。接下来，老师让全班同学一起朗读例题，然后让小晨单独重读一遍。只见小晨大大方方地站起来，读了起来。也许是想起了昨天对老师的承诺，读完后，小晨困难地对老师笑了笑。老师并没有让他坐下，而是又给他设置了一道题：复述一下题目的要求。这下他为难得都要哭了。不少同学对他的无能表现得很不耐烦，七嘴八舌地争着说起来。后来，老师制止了大家，他才终于张口，但也是语无伦次，老师笑着让他坐下了。

　　渐渐地，小晨开始和同学们来往了，一起上厕所，回教室……这样过了好长一段时间，老师都没提起为他补习的事。一天下课后，小晨拦住了老师。老师又是一句话没说，很幽默地向他摊开手。小晨一愣："老师你要干什么？"

　　"你写给我的纸条呀。"

　　他笑了："我不写纸条了，您给我补补课吧。"

　　老师面带笑容，回答他说："功课你不要急，到时候我会主动找你的，但我向你借的，你好像还没给够我吧？"

"行，我一定会给足您的。"等他高高兴兴又蹦又跳地转身走了，老师又把他叫回来，递给他一张早已出了一道题的纸，还特意告诉他：要一天之后把题做出来，可以和同学讨论，也可以独立完成。就这样，老师先后给他出了不少题，而且题目一次比一次难。刚开始，他很不乐意求教于其他的同学，后来纸条一到手他就迫不及待地和同学们讨论起来。

期末考试的时候，小晨的成绩尚可，科科及格。

又是一学期，可是刚开学小晨就休学了，因为他父亲遭遇车祸瘫痪了，他的妈妈在他小时候就弃他远去了——这也是他内向、忧郁的一个原因。我有点儿担心，一个连话都不爱说的少年，能担负起照顾父亲的责任吗？

一个星期天，老师和几位朋友到茶室聊天。刚坐下，就被一群小孩子围上了，硬要为他们擦皮鞋。只有一个小孩没冲进来，在外面吆喝着："擦皮鞋！……"离开茶室，老师从那个小孩子面前走过时，发现那孩子竟是小晨！

"老师，让我为您擦一次皮鞋吧。"他说话的同时，脸上没有腼腆也没有沮丧。老师答应了，伸过鞋子让他擦。他一边很用心地擦一边说，他虽然不缠人，生意却不错。顾客告诉他，他的笑容很好看。他笑着告诉了老师，还说不久就会

复学的。他学会了微笑，他的微笑让他挣半天钱就能养活他和爸爸了。

老师听了也高兴起来，并对他说，一定会等他回来的。可一转过身，老师的泪水夺眶而出。小晨在后面大声喊："老师您要微笑呀，您不要哭！老师点点头，哭出了声。"

老师终于没有给他补课，而最后是他为老师补了一堂人生课。

心理成长

当我们遭遇挫折时，切勿泄气、自卑，甚至绝望。因为，生活中最糟糕的事情是没被困难打倒，自己却把自己打倒了。只要肯努力，并对未来充满信心，相信自己一定可以闯过难关，就像故事中的小晨一样！那么，就让我们先从自信地微笑做起吧！微笑，看似微小，但力量却是无穷无尽的。

只看自己拥有的

有一个叫黄美廉的女子，自小就患上了脑性麻痹症。此症病状十分可怕：因肢体失去平衡感，手足会时常乱动，口里念叨着模糊不清的词语，模样十分怪异。在常人看来，这样的人已失去了语言表达能力与正常生活的能力，更别谈什么前途与幸福。

但她硬是靠着顽强的意志和毅力，考上了著名的洛杉矶加州州立大学，并获得了艺术博士学位。她靠手中的画笔和很好的听力，抒发着自己的情感。

在一次讲演会上，一个学生曾这样向她提问："从小身体这样，请问你是怎么看待自己的？"

这样的问话实在是太不礼貌了，在场的人无不责怪这个学生的不敬，但她却十分坦然地在黑板上写下了这么几行字："一、我好可爱；二、我的腿很长很美；三、爸爸妈妈那么爱我；四、我会画画，我会写稿；五、我有一只可爱的猫；六……"

最后，她以一句话做结论："我只看我所有的，不看我所没有的！"

天使的翅膀

阿强非常自卑，他的背上有两道很长很深的疤痕，从颈上一直延伸到腰部，所以阿强非常害怕换衣服，尤其是上体育课。当其他的小孩子很高兴地脱下制服，换上轻松的运动服的时候，阿强总会一个人偷偷地躲在角落里，用背部紧紧地贴住墙壁，以最快的速度换上运动服，生怕别人发现他的伤疤。可是，时间久了，其他小朋友还是发现了他背上的疤。

"好可怕哦！"

"怪物！"

天真无邪的话有时却很伤人，阿强很委屈，伤心地哭了。这件事发生以后，阿强的妈妈特地带着他去找老师。

"阿强刚出世就患了重病，幸好当时有位很高明的大夫，动手术挽救了他，但是他的背部却留下了两条永远都抹不去的疤痕。"妈妈说着，眼圈都红了。

妈妈转头吩咐阿强："来，掀开来给老师看看。"

阿强迟疑了一下，还是脱下了上衣。老师惊讶地看着那两道疤痕，心疼地问："还会痛吗？"阿强摇摇头："不会了。"

此时，老师心里不断地思考：如果禁止小朋友取笑阿强，只能治标，不能治本，阿强一定还会继续自卑下去。一定要想个好办法。突然，一个念头闪过，老师冲阿强会心地一笑，然后摸了摸阿强的头说："明天的体育课，你一定要跟大家一起换衣服哦。"

阿强眼里，晶莹的泪水夺眶而出："可是，他们又会笑我，说我是怪物。"

"放心，老师有办法，没有人会笑你。真的！"

第二天上体育课，阿强怯生生地躲在角落里，脱下了他的上衣，不出所料，有小朋友又厌恶地说："好恶心呀！"阿强双眼睁得大大的，眼泪早已流了下来。这时候，教室门突

然被打开，老师出现了。几个同学马上跑到了老师面前说："老师你看，他的背好可怕，像条大虫。"

老师一言不发，只是慢慢走到阿强背后，然后露出惊诧的神情。"这不是虫！"老师眯着眼睛，很专注地看着阿强的背部，"老师以前听过一个故事，大家想不想听？"

小朋友最爱听故事了，连忙围了过来。

老师说道："这是一个传说，说是每个小朋友都是天使变成的，有的天使变成小孩的时候很快就把翅膀脱下来了。有的天使动作比较慢，来不及脱下他们的翅膀。这时候，那些天使变成的小孩子，就会在背上留下这样两道痕迹。"

"哇！"小朋友发出惊叹的声音，"那这就是天使的翅膀？"

"对啊"，老师露出神秘的微笑，"大家要不要互相检查一下，还有没有人像他一样，翅膀没有完全掉下来的？"

所有小朋友听到了老师这么一说，立刻脱下衣服，相互观察自己的背，可是，没有人像阿强一样，有这么清晰的痕迹。

"老师，我这里有一点点的伤痕，是不是？"一个戴眼镜的小孩兴奋地举起手。

"才不是哩，我这里也红红的，我才是天使！"

小朋友们争相承认自己的背上有疤痕，完全忘记了取笑阿强的事情。原本哭红双眼的阿强，此刻已停止流泪。

突然，一个小女孩轻轻地说："老师，我可不可以摸摸小天使的翅膀？"

"这得问小天使肯不肯。"老师微笑着向阿强眨眨眼睛。

阿强抬起头，羞怯地说："好。"

女孩轻轻地摸着他背上的疤痕，高兴地叫了起来："哇，好软，我摸到天使的翅膀了！"

女孩这么一喊，所有的小朋友都大喊："我也要摸！"

一节体育课，一幅奇特的画面，教室里十多个小朋友排成一队，等着摸阿强的背……

心理成长

自信是孩子成长过程中的精神核心，也是促使孩子充满信心地去实现理想和愿望的动力。老师利用学生心目中的"神"，既保护了那一颗纯真而脆弱的心灵，又让纯真的孩子走出了自卑的阴影，重新拾取了自信心。

搬木板

　　从前，有一个乞丐来到一座豪华的宅子前，向主人乞讨。这个乞丐很可怜，他的右手连同整个手臂都断掉了，空空的袖子晃荡着，让人看了很难过，碰上谁都会慷慨施舍的，可是主人毫不客气地指着门前一堆木板对乞丐说："你帮我把这堆木板搬到屋后去吧。"

　　乞丐生气地说："我只有一只手，你还忍心叫我搬木板。不愿给就不给，何必为难人呢？"主人一点儿都不生气，而是俯身搬起木板来。她故意只用一只手搬了一趟，说："你看，并不是非要两只手才能干活儿。我能干，你为什么不能干呢？"乞丐怔住了，他用异样的目光看着女士，突起的喉结像一枚橄榄上下滑动了两下，终于，他俯下身子，用他那唯一的一只手搬起木板来。一次只能搬两块，他整整搬了两个小时才把木板搬完，累得气喘如牛，脸上有很多灰土，几缕乱发被汗水浸湿了，歪贴在额头上。女士给了乞丐一条雪白的毛巾。乞丐接过去，很仔细地把脸和脖子擦了一遍，白毛巾变成了黑毛巾。

女士又递给乞丐 20 元钱。乞丐接过钱，很感激地说："谢谢你。"女士说："你不用谢我，这是你凭自己力气挣的工钱。"乞丐说："我不会忘记你的，这条毛巾也送给我留作纪念吧。"说完，他深深地鞠了一躬，就上路了。

过了很多天，又有一个乞丐来到这座豪华的宅子前。那位女士把乞丐引到屋后，指着那堆木板对乞丐说："把这堆木板搬到屋前就给你 20 元钱。"可是，这位双手健全的乞丐却撇撇嘴，不屑地走开了。女士的孩子不解地问母亲："上次你叫一个乞丐把木板从屋前搬到屋后，这次你又叫这个乞丐把木板从屋后搬到屋前。你到底想把木板放在屋后还是屋前？"母亲对孩子说："木板放在屋前和屋后都一样，可搬不搬对乞丐来说就不一样了。"此后还来过几个乞丐，那堆木板也就在屋前屋后来回搬了几趟。若干年后，一个很体面的人来到这座豪华的宅子前，他西装革履，气度不凡，美中不足的是，这人只有一只手，一条空空的衣袖一荡一荡的。来人俯下身用一只手拉住有些老态的女主人说："如果没有您，我还是个乞丐，可是现在，我是一家公司的老板。"女士已经记不起来他是哪一位了，所以淡淡地回复说："这是您自己干出来的。"眼前这位独臂的老板要把这位女士连同她一家人迁到

城里去住。

女士说："我们不能接受您的照顾。"

"为什么？"

"因为我们一家人个个都有两只手。"

老板依然坚持劝说："夫人，您让我知道了什么叫人，什么是人格，那房子是您教育我应得的报酬！"

女士笑了："那您就把房子送给连一只手都没有的人吧。"

心理成长

完美的人格里有一种独特的味道，那就是富有生活的信心、激情和自立。可是，是不是我们每个人都具备这些基本品格呢？再也不要找什么借口了，整理好自尊、自信、自立、自强的行囊，坚强前行吧！

108个瓶子

有一个小孩非常自卑，贫寒的家境使他老觉得自己处处低人一等。在学校里，小孩总是低着头走路，碰到不三不四的学生，他更是赶紧躲开。

尽管如此，他仍然常常无缘无故地成为别人的出气筒，可怜的他，却连还手的勇气也没有。受尽欺负的小孩常在心里问自己："我什么时候才能比别人强一点儿呢？"

　　有一天，老师带着全班同学来到一家生产水果罐头的工厂。孩子们的任务是刷洗那些收回来的空罐头瓶子。为了激励大家，老师宣布开展比赛，看谁刷洗的瓶子最多。

　　那个自卑的小孩也站在同学中间，听到老师的号召，心里一阵激动，他从来没有得到过"第一"，那一刻他下定决心，一定要得第一。

　　他很快就学会了所有的刷瓶程序，刷得非常认真，一个接一个，一整天都没有停下来，一双小手被水泡得泛起一层白皮。

　　结果，他刷了 108 个，是所有孩子里面刷洗瓶子最多的。当老师宣布这一结果时，小孩非常高兴，那种成功后极度快乐的感觉，从此一直留在他的记忆中。

　　也就是从那一天起，得了"第一"的他一下子就明白了，无论什么事情，只要他肯干，就一定可以干好。

　　他开始拼命地去做自己想做的事情，他坚信，只要不停地努力坚持下去，就一定能够得到自己想要的东西。

　　果然，这个小孩一路顺利地走了过来：1986 年，他从

北京一所名牌大学计算机专业毕业；1989 年，他获得科技大学计算机专业硕士学位；1993 年，他获得哈尔滨工业大学计算机专业博士学位。他拥有数项重大发明，曾三次荣获部级科技进步二等奖。

如今，当年的小孩已成为计算机自然语言领域中公认的最为优秀的科学家之一，他叫阿明。

阿明说，当年自己正是从手中的 108 个瓶子中，发现成为天才的全部秘密——任何时候都不要小看自己。

心理成长

一个人出身贫寒或者平凡无奇都不可怕，可怕的是自己小看自己，甘于平凡。任何时候，我们只要相信自己有足够的能力去做好每一件事，并为此不懈努力，终将不会平庸！

重要角色

　　最让苏媚难忘的一件事，是她上四年级的时候，学校要排练一个节目在元旦的时候表演，苏媚被老师选上扮演剧中的公主。于是接下来的几周时间，母亲都花费心思和时间陪她一起练习台词。在母亲面前，她表达自如，可是一站到舞台上，脑子里却一片空白，所有的词句都消失得无影无踪。

　　无奈，老师只好换一个人演公主。她解释说，她为这出戏写了一个重要的旁白，让苏媚调换一个角色。虽然老师的话很婉转，但还是深深地伤害了苏媚，毕竟自己将重要的角色让给了另一个女孩。

　　那天放学回家，苏媚没有把事情告诉母亲，但是母亲感觉到了苏媚情绪低落，于是不再提醒她练台词，而是建议她到庭院里走走。

　　那是一个阳光明媚的春日，棚架上的杜鹃花争奇斗艳，母亲却在一颗狗尾巴花前停下来。"我想我得把这些杂草都

拔掉。"说着，母亲用力把它们连根拔起。"从现在起，我们庭院就只剩下美丽的杜鹃花了。"

"我喜欢狗尾巴花，所有的花都是美丽的，即使是狗尾巴花也一样。"苏媚抗议着。

母亲神情严肃地对苏媚说："对啊，每一朵花都有属于自己的芳香和美丽，不是吗？对于人来说也一样，不可能每个人都当公主，即使是当旁白，也不应该羞愧。"

苏媚想到母亲大概知道自己的事情，她一边告诉母亲事情的经过，一边放声大哭。

母亲听后笑了笑说："你可以成为一个优秀的旁白者，因为旁白者的角色和公主的角色一样重要。"

心理成长

因为胆怯和不自信，苏媚失去了扮演公主这个角色的机会；因为母亲的鼓励——"每一朵花都有属于自己的芳香和美丽"，苏媚又重新找回了自信和乐观！多姿多彩的生活中，我们唯有以一种自信和乐观的心态去面对，才能扮演好我们自己的角色，演绎出属于自己的精彩！

选择双脚

科迪一生下来，他的父母便惊奇地发现，他没有双脚。医生说科迪患了一种非常罕见的骶骨发育不全症，两腿生来便没有胫骨。

在科迪刚刚生下的第三天，他就接受了 15 项手术治疗。在接下来的两年内，科迪先后患上了诸如髋关节脱臼、胃痛、呼吸困难和哮喘等疾病。

科迪的左腿缺少一块胫骨，而且没有膝盖，腓骨也无法支撑起他的腿，因此他的腿不能弯曲。当科迪坐着时，他的右腿便只能蜷缩在一边，而他的左腿虽然看上去正常，但也不能正常弯曲。

身体上的问题还不是最重要的，最重要的是心理上的问题。随着科迪一天天长大，他也渐渐地明白了自己与别人的不同。当他看到别的小孩都能自由地跳跃玩耍，而他却只能

坐在轮椅上时，便会很难过。

突然有一天，科迪的父母打听到，有一家儿童医院可以为科迪安装假肢，便高兴地将科迪带了过去。在医院里，望着各种各样的假肢，科迪的父亲说："孩子，你看到没有，这里有这么多的脚在等着你来挑选呢？你真是个幸运儿，别人都只有为自己挑选鞋子的机会，而你却能为自己挑选双脚！"

科迪天真地问父亲："真的吗，我真的是一个幸运儿吗？"科迪的父母点了点头。"那真是太好了！"科迪说，"我还可以为自己挑选双脚！"

从此，科迪就可以用他自己挑选的脚走路去幼儿园了。可是，刚刚装上假肢的时候，总是令科迪疼痛难忍。

慢慢地，科迪不但能灵活地用假肢走路，还对各项体育活动产生了兴趣。于是，科迪也想跟其他小朋友一样，去参加体育活动。

后来，科迪不但能穿着假肢去练习跑步、游泳、踢足球、打高尔夫球和冰球，还能够学习攀岩、驾独木舟，甚至学习驾驶飞机。另外，科迪还加入了体育协会，这意味着他有机会去许多地方参加比赛了。

心理成长

"别人都只有为自己挑选鞋子的机会，而你却能为自己挑选双脚！"一句话让科迪变得乐观、自信起来。当生活里遭遇不幸，抱怨或悲观放弃都是没有用的。只要积极地去面对，总有一条岔路口是自己的出路。

笨男孩

小男孩名叫达利。

达利最害怕上数学课。老师问他，二分之一与三分之一，哪个大。达利想了半天，说，三分之一大。他是这样想的，三肯定比二大。结果引起全班同学哄堂大笑。老师气得一个星期往达利家里打几次电话，叫达利的父母把达利带回家去，说："读书对达利来说，绝对不会有什么奇迹发生了！"

达利的父母心里很难过。他们知道，自己的孩子这么笨，也不能责怪老师，只好把达利接回家。达利的父母一点儿也没有责怪达利。因为，他们觉得达利学习也用功了，学习成绩不好，不是因为他学习态度不好。他每天晚上做题，每天早上早读，跟别的孩子一样用功。

达利被接回家，没书读了，成天闲在家里。达利父母想，这样下去怎么行呢？将来会没有饭吃的。实在没办法，达利的父母就把达利送到一家私人裁缝学校去学裁缝，即使将来做不了服装，给人家钉钉扣子，也能自食其力的。

达利的父母把达利送进裁缝学校后，他们一直很担心，会不会因为达利是个笨孩子，裁缝学校再让他们把达利带回来呢？

一天，达利的父母接到裁缝学校校长打来的电话，说达利将来一定会成为一名天才裁缝大师！这孩子简直太诚实了！几百个学生当中，就达利做事认真，每一个纽扣，他都一针一线慢慢地钉，钉得十分结实。许多顾客，就因为这一点，不到别的服装店去做服装，专门到裁缝学校来做，使学校的生意比过去好了很多。学校感谢达利的父母，生了这么一个诚实用功的孩子。

达利父母简直不敢相信自己的耳朵，他们还是第一次听到有人夸他们的孩子，母亲感动得哭了。

也正因为达利经常受到学校表扬，邻居们对达利父母的看法，慢慢地也改变了。过去，达利父母走到街坊中间，总觉得自己比人家矮一截。现在，达利的父母觉得他们跟以前不一样了，他们的达利也是个有用的孩子了！

达利不仅能钉出世界上最结实的纽扣，还能想出世界上最好的点子。

裁缝学校一共有五个班，五个班一天要做好多的服装。

可是有些服装因为过时了，或者质量不好，常年下来积攒了好多卖不出去的服装，造成了上百万的资金损失，弄得校长一筹莫展。

达利看到校长那样着急，就说："校长，我们来想想办法。"

达利到仓库把那些服装一捆一捆地翻出来。扣子没钉牢的，就发动同学们多缝几针。那几捆百叶裙，做工很出色，为什么没人买？是不是人家嫌不方便？在腰带里边加个漂亮的小口袋，这些女士们穿出去，就不用再担心没地方放手机和零钱了。特别是那几大捆 T 恤衫，又肥又大的翻领，显得太笨了，夏天穿上它，一定感到不舒服的。干脆把翻领剪掉，变成大口矮领的那种，一定会有年轻人喜欢的。还有一大捆一大捆的童装，面料也不错，就是裤口袋加在外边，不雅观，把口袋移到上衣上去怎么样？

一大捆一大捆的压库服装，经过达利和同学们的一番改造，拿到市场上去卖，果然很受欢迎，不到一个月的时间，服装就卖光了。这不仅为学校创造了几十万元收入，还为学校开辟了服装设计的新思路。

因此，学校重重地奖励了达利，夸他是个天才裁缝。达利知道自己是什么样的人，也没想过当天才裁缝，只不过是想把压库服装卖掉而已，他没有接受校长的奖励。

三年裁缝学完，达利毕业了，于是回家开了个小小的服装店。服装店的名字，就叫"笨男孩"服装店。人们慢慢知道了"笨男孩"服装店店主就是达利，那个世界上钉纽扣最结实的小伙子。人们纷纷把衣服送到"笨男孩"服装店来做。"笨男孩"服装店的生意越来越红火。

没过一年，"笨男孩"服装店，就发展成"笨男孩"服装厂了。后来，"笨男孩"服装厂，就发展成"笨男孩"服装公司。再后来，"笨男孩"服装公司，成了全市最大的服装企业，盖起了大厂房，买了先进的服装生产设备。笨男孩达利成了总经理。

心理成长

连二分之一和三分之一哪个大都说不准的达利，后来成了总经理，谁能想到呢？但事实证明了一点：笨不是天生的，信任和鼓励才是最重要的。其实，我们每个人心里都应有这句话：我行。相信自己，你就真的很棒，如果连自己都不相信自己，还有什么力量能使你强大起来呢？

自信成就人生之美

从前在美国，有一位热爱画画的年轻人，他家境十分贫寒，无法为他成为画家提供支持。他没有稳定的工作，整天靠四处打零工为生；也没有钱租温暖的房子，只好借用了好心人给的一个废旧车库作为居住和画画的地方，这个车库里还经常有老鼠。

年轻人被残酷的生活压得几乎喘不过气来，但他并没沮丧，因为他始终怀揣着成为画家的梦想。他相信只要自己坚持不懈，以自己的能力，总有一天能成功创造出完美的作品，获得社会的认可，功成名就。所以，哪怕沦落到住废旧车库的境地，他也从不放弃练习画画。他画路边的狗、画巷子里的猫，甚至以同住的老鼠为对象，画了许许多多惟妙惟肖的老鼠。

终于有一天，有人因欣赏他画画的热忱而给他介绍了一份工作，让他去参与一部好莱坞动画片的制作。他把自己在废旧车库里得来的灵感运用上了，于是，风靡全世界的经典卡通形象——米老鼠诞生了。这位从不对自己失去信心的年轻画家，就是迪士尼的创始人——沃尔特·迪士尼。因为可爱的米老鼠，他已经红遍全世界。

心理成长

　　没有工作，也没钱租房子的沃尔特·迪士尼，曾遭遇坎坷的处境，但他相信自己的能力，也一直在默默坚守自己的梦想，最终迎来曙光——以自己笔下的米老鼠形象而闻名全世界。所以，生活中遇到逆境是常态，我们不要害怕，不要灰心，保持足够的自信心，迎难而上，成功自会向我们走来。

第四章

正视现实，
培养孩子的适应力

留一条退路

两个少年决定去一个山洞探险，开始两人走在一起，后来洞分岔了，一条路朝东，一条路朝西。如果两人继续同行，那么势必错过了另一处风景。如果一人走一条路，最后会合时，便可以互相告诉对方自己的探险经历，就算没有亲自去另一个洞，也知道了里面的情况，于是他们决定一人走一条路。

少年甲毫不犹豫地钻进了东边那个洞，少年乙在进西边洞口的时候，犹豫了一下，他取下自己头上的帽子放在了洞口然后向洞里走去。

三天过去了，两位失踪少年的家人急坏了。焦急万分中，他们的亲人与营救人员从一名放牛的老人口中得知了他们的去向——可能去了洞里，家人便决定进洞去搜索营救。当走到洞的岔口时，人们发现，西边的洞口有一顶帽子，而东边的洞口什么痕迹也没留下。于是断定，两位少年很可能去了

西边那个洞，人们便沿着西边洞口找去。西边那个洞还真是复杂，没走多远人们又遇到了岔路，但有人很快便发现有一个洞口放着一只鞋子。

人们继续往里走，又陆续发现了岔路口上的手套、皮带、小刀、空矿泉水瓶子等，最后人们终于找到了倒在地上奄奄一息的少年乙。当人们救出乙后，从他口中得知少年甲去了另一个洞口，才去营救少年甲。

由于一路遇到的岔口多，而岔路口又没有留下任何记号，等人们找到少年甲时，少年甲已去世多时。

心理成长

人生之路本来就弯弯曲曲，坎坷不平。有足够的勇气去不断地探险，无可厚非，但是，当我们勇敢地去探险时，有没有想过要给自己留一条回归的路？当困难和挫折充斥在我们身边时，留一条退路给自己，是很有必要的，这是一种适应能力，更是一种生存技巧。

生命的回音

一个小男孩在和他的爸爸爬山时，一不小心被石头绊倒，忍不住痛得大叫起来："啊……啊……"但是另外一个声音从山中传来："啊……啊……"

小男孩十分吃惊，便好奇地大声问："你是谁？"结果他得到的答案也是："你是谁？"

小男孩生气了，大声地吼道："胆小鬼！"这一次得到的答案也是："胆小鬼！"

小男孩好奇地问爸爸："爸爸，这到底是怎么回事儿呢？"

爸爸笑着对小男孩说："孩子，注意听哦。"

爸爸大吼了一声："我钦佩你！"结果传回来的另一个声音也是："我钦佩你！"

爸爸再次大声地喊道："你是冠军！"传回来的声音也是："你是冠军！"

小男孩感到非常诧异又非常不解。

爸爸向小男孩解释说:"通常情况下,人们称这是回音,但实际上这是'生命'。"

小男孩更加困惑,问:"为什么是生命呢?"

"如果你要这个世界有更多的爱,那么你就要在自己的心中创造更多的爱。世界就像一面镜子:你皱眉看待它,它也会皱眉看待你;你笑着对它,它也会笑着对你。"

心理成长

稚嫩的孩子如新生的花朵,不仅享受着阳光的照耀和雨露的呵护,也会面对风雨的洗礼;坚强者能见到风雨之后的彩虹,妥协者会对自己放弃。一如故事里爸爸所讲的,适应生活,笑对生活,笑对身边的人,笑对一切伤痛与挫折,回应我们的才会是欢笑与掌声。

学会独立

由于昨天睡的比较晚,于彤今天起床迟了点儿,导致去学校的时候忘了带作业。于彤想到老师无数次地强调同学们要按时交作业，于是就给妈妈打了个电话，让妈妈把作业送到学校来。

没想到，妈妈却让她自己回家取。

于彤有点儿生气，觉得妈妈不近人情，让她在紧要的时候回家去拿作业，肯定会耽误课程，老师也会对自己不满意的。但妈妈说她会告诉老师，坚持让于彤自己回家去拿作业。

妈妈把作业放在门口，然后，自己开始做家务。于彤回到家里，越想越气，她觉得妈妈让她丢脸了，她想和妈妈吵一架，然后希望妈妈能开车送她回学校。不料妈妈根本就不理会她的请求，只是若无其事地说："彤彤，我忙着呢，你现在先回学校交作业，不然会耽误课程的。"

放学后，于彤的怒气并没有全消，她赌气地说："我忘了带作业，您有空儿却不给我送来。"

妈妈耐心地说："孩子，让我们来分析一下，你为什么忘了带作业？"于彤回答道："我昨天睡晚了，导致今天不想起床，然后就慌慌张张地赶校车，才忘了带作业。"妈妈接着说："那么你从今天的事情中学到了什么？"于彤想了想，回答道："我想，我下次会把作业先放到书包里去。"妈妈接着提示她："还有没有别的办法？"

于彤又想了一会儿，说："我可以早点儿睡觉，闹钟一响

就起床，不至于那么慌忙。"妈妈最后说："那你想一想，如果我把作业给你送去，你还能学到这些东西吗？"

于彤惭愧地摇了摇头。

心理成长

学会独立，这是每个人成长中必须经历的过程。独立不是拒绝帮助，依靠也不是依赖，独立是要做到自己的事情自己负责。面对生活中的各种事情，我们只有明确自己的任务，并勇于承担自己的责任，才能成为真正独立的人，凡事都依赖别人，也就失去了独立的机会。只有学会独立，踏踏实实地走好每一步，才能走得更远。

坚强的孩子

一天，一位妈妈带着孩子去医院看病。孩子听说要打针，非常害怕。妈妈安慰道："宝贝儿，别怕，妈妈会一直陪在你身边的。"

谁知进了注射室，孩子却抓住妈妈的手不放，哭闹着不肯跟医生合作。这时，一位老医生走过来对妈妈说："请你离开你的孩子，到外面等候。"

妈妈忐忑地在外面等着。不一会儿，孩子像没事人似的走了出来。妈妈急忙问："宝贝儿，疼吗？你有没有哭？"孩子坚强地回答："是有点儿疼，但是我没有哭。"

后来，老医生解答了妈妈的疑惑："你知道那一刻我为什么要你出去吗？你在孩子身边，孩子就会依赖你，会撒娇，会任性。我要你离开，是要给孩子一个自己去面对痛苦的机会。孩子没有了依赖，自然就不会有幻想，会用自己的意志去战胜怯懦和痛苦。孩子遭遇小小的苦楚和磨难

时，让他没有依赖，独立面对困难和痛苦，这样孩子才会真正成长。"

记得小时候，我们走路时不小心摔倒了，第一反应不是哭，而是先观察周围的情况：如果父母在身旁，那我们就会"哇"的一声哭起来；如果父母不在旁边，那我们会自己爬起来，然后拍拍身上的灰尘，继续走，这就是对父母的一种依赖。我们要学会走出父母的庇护，走出依赖的城堡，学着独立去面对，不灰心，不退缩，这样，我们的人生才会更精彩。

拔除杂草

斯恩德有三个孩子，他要求大儿子克莱尔、二儿子卡尔夫和小女儿凯妮每天都去菜园里拔除杂草。尽管三个孩子非常不愿意，但都知道父亲的脾气，于是每天放学后，都乖乖地去菜园拔草。刚开始，他们会互相埋怨。

克莱尔说："卡尔夫，你只管往前冲，根本不管身后的草是否拔干净，总是要我重新拔。"卡尔夫说："难道你没看到，我拔得最多吗？你怎么不看看凯妮，我拔了一大片，她才拔几棵！"凯妮则哭了起来："你们看，我的手上都起泡了，还有，我的花裙子也弄脏了。"

草并不是那么好拔的，有时拔草的同时，还会将菜苗一起拔起来；有时一不小心就会被杂草的尖刺划伤手指。往往这块地里的草还没有拔完，一场雨下来，那块地里又冒出了小草尖尖的脑袋。于是，他们每天放学后都得去菜园里忙碌。慢慢地，孩子们不但学会了拔草，也不再抱怨。因为他们学会了忍耐。

菜园里的蔬菜，因拔除了杂草而长得郁郁葱葱，而孩子们也都爱上了拔草的工作。直到有一天，克莱尔宣布，他以后不能去菜园拔草了，因为他要去州立大学读书。临走时，克莱尔说："真舍不得啊，这么漂亮的一片菜地。"于是，菜园里只剩下卡尔夫和凯妮了。又过了不久，卡尔夫宣布，他也要去远方读大学，不能去菜园拔草了。最后轮到了凯妮，凯妮走的时候恋恋不舍地对父亲说，以后，菜园里的杂草由谁来拔呢？父亲说："不用着急，我有除草剂呢。"凯妮不解地对父亲说："您既然有除草剂，怎么还要我们兄妹几个花费

时间去拔草呢？"

斯恩德舒心地笑了："现在你们兄妹三人都上了大学，不能忘了这拔草的功劳。拔草时，你们学会了忍耐，学会了宽容。要知道，心中的杂草靠除草剂可不行，那要靠自己动手才能拔除！"

心理成长

通过每天的拔草劳动，孩子们学会了忍耐、宽容，学会了遇事不再抱怨，而是积极地去寻找解决的办法。人生中，每个人都会遇到各种各样的烦恼，只有以积极的态度去改变，去适应，才能更好地融入这个世界。如果只知一味地抱怨，让自己的心中长满浮躁的杂草，不去清理，时间长了，便失去了自我。

蜗牛也能登上高处

他，一个16岁的少年，带着满心的沮丧和伤心，跟着父母去了米歇尔小镇。父母费尽了周折，终于在这里给他办理了一所高中的入学手续。

到学校没几天，他便发现自己原有的英语底子远远不能适应现在的生活、学习要求了。且不说上课时与老师、同学讨论，连同房东交流都有困难。

高考失利的阴霾盘踞在他的心中还没有散去，再加上环境生疏、语言沟通有障碍，他更加消沉了，整天沉默寡言，不见一点笑容。

教他的物理老师，是个 40 来岁的男士，名叫杰克逊，精明干练，谈吐幽默，深得同学们的爱戴。一天，杰克逊老师在课堂上提问他，但是他根本没有听清问题，就胡乱答了一通，同学们听了哈哈大笑起来。他羞愧极了，下课后冲出教室，跑到学校附近的一片小树林里，泪水爬满了他的脸颊。

不知什么时候，杰克逊老师坐到了他的身边。老师看到他肩头耸动，便抚摸了他的头。他看到物理老师，停止了哭泣。杰克逊老师拉着他坐下来。这时，他看到他们的脚边有一只蜗牛，正吃力地慢慢爬行。

杰克逊老师问他："你知道蜗牛要到哪里去吗？"

他摇了摇头，杰克逊老师指着蜗牛的前方说："你看那里。"顺着杰克逊老师手指的方向，他看到一座山，高耸入云。

杰克逊老师接着说:"我想,蜗牛是要到山顶上去,因为有句谚语说:'能够到达金字塔顶端的有两种动物——雄鹰和蜗牛。'蜗牛也喜欢登上高处啊!它知道自己比别人慢,但却一直在不停地爬行,别人休息的时候,它也没有停止。我相信只要它努力并坚持不懈,最终会爬上山顶。在那里,它将会看到雄鹰是一样的风景。"

听了老师的话,他抬起头,看到了杰克逊老师那期盼的目光。

从第二天开始,他开始变得能跟老师、同学们积极交流了。他模仿他们讲话时的语气,并且他也听录音。两个月以后,他基本掌握了英式英语的发音,能轻松地听课发言了。

坚持下来,他的成绩也有了巨大的进步。一年后,他还作为代表在高中毕业典礼上发言了。之后,校长私下告诉他,若不是他最后用中文说了句"谢谢大家",校长差点忘了他是位外国学生。

读大学后,他依靠自己的努力,从三流的大学转到了哈佛商学院。后来,要参加工作了,他被世界五百强企业——联想集团聘用,成为高级助理。他就是现任妥妥递科技董事长于智博。

生活中和学习上，困难是有的，但并不可怕；我们要正视困难，敢于去战胜困难，一步一步努力去克服，终有一天会有所收获！

绝　境

一个农夫牵着一头驴子在路上走着，忽然，驴子一不小心掉进枯井里。井很深，驴子在井里苦苦地哀号着，希望主人能救它出去。

农夫想了很多办法都没有救出驴子。最后，农夫想着这头驴子年纪那么大了，救出来也没什么很大的作为了，于是决定放弃。农夫请来邻居帮忙把这头驴子埋了，免得它饱受长时间的痛苦。

赶来帮忙的人们每人一把铲子，一人一铲将泥土铲到枯井中。刚开始的时候，农夫听到驴子凄惨的哭叫声，显然，

112

驴子明白人们的意图，可是过了没多久，驴子竟然安静下来了。

农夫好奇地往井里一看，眼前的景象让他愣住了：只见驴子将铲在身上的泥土全部抖落在一旁，然后站到泥土堆上面，尽量让自己离井口近点。

就这样，驴子将人们铲到它身上的泥土全部抖落在井底，然后再站上去。

很快，这只驴子便凭着泥土的不断上升到了井口，然后在众人惊奇的目光中快速跑开了。

心理成长

在绝境中，年老的驴子意识到凄惨的哭叫是于事无补的，于是冷静下来，随着现状的变化而找到了生还的希望——把填埋自己的泥土变成自己逃生的垫脚石，终于成功自救。这便是适应力强大的突出表现。其实我们人类也一样，遭遇的困难或挫折，就像是落在我们身上的泥土，换个角度看，积极迎战，它们便可转变为我们前进的铺路石。

心要飞翔

从前，有两弟兄。在一次塌房的事故中，作为家中顶梁柱的父亲永远地离去了，而哥哥也失去了双手。从此，弟弟的手就成了哥哥的手。由于要照顾哥哥，从小学到大学，弟弟总是形影不离地将哥哥带在身边，哥哥除了学会了用脚指头写字做作业外，生活上完全不能自理，吃喝拉撒都要依赖弟弟。

有一次，哥哥因肠胃不舒服，半夜起来上厕所，便叫醒了弟弟。因宿舍离厕所不远，所以弟弟搀扶着哥哥进了厕所后，就回宿舍等了，由于太劳累，弟弟不小心又睡着了。结果哥哥在厕所里等了整整两个小时，才被查夜的老师发现。慢慢长大的两兄弟也有了各自的烦恼和矛盾，终于有一天，弟弟提出要离开哥哥，因为他和其他人一样也需要一个独立的空间。为此，伤心的哥哥不知如何是好。

无独有偶，另一对姐妹也有着同样的遭遇。她们的妈妈患有间歇性精神病，在一天晚上也离家出走了。于是爸爸就去找妈妈了，姐姐在外地读书，家中便只留下幼小的妹妹。坚强的妹妹决定做好饭菜等爸爸妈妈回来吃，可是在做饭时不小心将灶台上的煤油灯打翻，结果双手便被无情的大火夺走了，而爸爸再也没能将妈妈找回来。

　　虽然姐姐愿意照顾妹妹，可倔强的妹妹一定要自己照顾自己，从小学到大学，妹妹不但读书认真，更是坚持独立生活。妹妹还在一篇作文里写道：我幸福，虽然断了双手，但我还拥有一双脚；我幸福，虽然翅膀断了，但心也要飞翔……

　　一天，他们被一家电视台邀请到了演播室。面对主持人，那位哥哥表现出了对前途的迷茫，而那位妹妹则对生活充满了热情。主持人要求他们分别在一张白纸上写一句话。哥哥和妹妹分别坐在了工作人员早已安排好的座位上，并用脚指头夹起了毛笔。哥哥写的是：弟弟的手便是我的手。妹妹写的是：翅膀断了，心也要飞翔。

　　如果那位哥哥像那位妹妹一样，自强自立，他也能拥有一个美好的人生。人生多变幻，苦难总是在不知不觉中骤然降临。面对苦难，如果选择抱怨与逃避，苦难就永远如影随形；但如果选择坚强与积极适应，苦难便会化作甘泉，滋润出美好的希望。

打翻了油灯

　　小男孩儿乔利·贝朗出生于巴黎一个贫民家庭。13 岁时，他便独自外出打工了，由于年纪小，没有哪个工厂肯聘用他。四处流浪了两年后，他找到一个贵族家庭，苦苦哀求那家贵夫人让他在厨房里当了一名杂工。乔利·贝朗每天的工作是杀鸡、杀鱼、拖地、扫厕所，几乎包揽了全部脏活儿、累活儿。他一天要干最少 12 个小时的活儿，而所得的工资连一只鸡都买不到，但乔利·贝朗仍然感到非常满足。他总是省吃俭用地将辛苦赚来的钱攒起来，养活那个贫困的家。

可就是这样紧巴巴的日子也不长久。一天半夜，正当乔利·贝朗因过度劳累而沉沉地睡去时，却被一阵急促的敲门声惊醒了。原来贵夫人第二天一早要去赴一个约会，要求乔利·贝朗立即将她的衣服熨一下。乔利·贝朗努力睁开眼睛，毫无怨言地开始了劳动。因为实在太困了，一不小心，他将煤油灯给打翻了，灯里的煤油毫不留情地滴在了贵夫人的衣服上。

　　这下，乔利·贝朗的瞌睡也全没了。要知道，他就算是白打一年工恐怕也买不来那件昂贵的衣服。贵夫人没有轻饶他，她坚决要求乔利·贝朗赔偿她的衣服，赔不起就得给她白打一年工！

　　乔利·贝朗沮丧极了。当他答应给贵夫人白打一年工后，他也得到了那件衣服。其实那件衣服只是弄脏了一点而已，如果将它送给自己的母亲穿，她一定会很高兴的，他的母亲可从来没穿过这么好的衣服；但他是不敢将实情告诉母亲的，那样她会很伤心的。于是，乔利·贝朗就将那件衣服挂在自己的床前，以警示自己别再犯错。

　　一天他突然发现，那件衣服上被煤油浸过的地方不但不脏了，反而还将衣服周围其他污秽清除掉了。这个意外的发现令乔利·贝朗兴奋得夜不能寐。经过反复试验，乔利·贝朗又在煤油里加了些其他化学原料，终于研制出了干洗剂。

　　一年后他离开贵夫人家，自己开了一间干洗店，世界上的第一家干洗店就这样诞生了。从此乔利·贝朗的生意日渐兴隆起来，几年间他便成了让全世界瞩目的干洗大王。如今，干洗店遍布世界的每一个角落，人们在享受他发明的干洗剂的同时，也记住了他的名字——乔利·贝朗。

心理成长

　　在我们的人生中随时随处潜藏着隐患，就像那一盏打翻的油灯，给我们带来苦痛，令我们沮丧；但是，幸运也不是从此就与我们失之交臂了，命运之神在给人苦痛的同时，也会打开另一扇希望之门，只要我们留心、用心，总会有意外的发现，意外的惊喜！

隐形的翅膀

　　她出生时就没有双臂。懂事后，她问父母："为什么别的小朋友都有胳膊和双手，可以拿饼干吃，拿玩具玩，而我却

没有呢？"

母亲强作笑脸，告诉她说："因为你是上帝派到凡间的天使，但是你来时把翅膀落在天堂了。"她很高兴："有一天，我要把翅膀拿回来，那样我不但能拿饼干和玩具，还会飞了。"

7岁上学前，母亲请医生为她安装了一对精致的假肢。那天，母亲对她说："我的小天使，你的这双翅膀真是太完美了。"但她却感觉到，这个冷冰冰的东西并不是自己的那对翅膀。在学校里，缺少双臂的她成了同伴们取笑的对象。假肢不但弥补不了自卑，反而让她深切意识到自己的残疾。随着年龄的增长，她越来越感觉到残疾的可怕——没有父母的帮助，自己做不了任何事。

课余时间，同学们最大的乐趣是荡秋千，而她只能站在远处痴痴地看着那些孩子们在空中飞舞着，欢笑着。只有他们走完后，她才偷偷坐到秋千上，忘情地荡起来。这个时候，她会闭上眼睛，听耳边掠过的风声，想象自己找回了失去的双臂，像天使一样在操场上空飞翔。

14岁那年的夏天，父母带她去夏威夷度假。站在甲板上，看到海鸥在风浪中自由飞翔，她都情不自禁地叹息："如果我有一双翅膀该多好，哪怕只飞一秒钟。"

"孩子，其实你也有一双翅膀的！"一个苍老的声音在她耳边响起，她寻声看到了一位黑皮肤的老人，吃了一惊，因为这位老人没有双腿，整个身体就固定在一个带着轮子的木板上。此刻，老人用双手熟练地驱动着木板车，在甲板上自由来去，她看呆了。她了解到，老人是十年前从非洲大陆出发的，如今已经游遍了世界五大洲的几十个国家，而支撑他"走"遍世界的是一双手。"孩子记住，那双翅膀就隐藏在你的心里。"船靠岸的那天，老人的临别赠言让她整颗心一下子飘荡起来。

她开始接受了没有胳膊和双手的现实，开始用双脚做事。她用脚夹着钢笔练习写字、梳头……为了让双脚更有力，她每天通过走路和游泳的方式来锻炼。由于过于劳累，她的脚趾经常麻木、抽筋。有一次，她在游泳池里练习得太累了，以致两个脚踝同时抽搐了起来。她在水中拼命挣扎，喝了一肚子水，所幸被教练及时发现，将她抱出泳池。付出终有回报，不懈的努力让她的双脚越来越敏捷了，她的脚趾开始能像手指一样自由弯曲了，不但能打电脑、弹钢琴，在比赛中还获得了跆拳道"黑带二段"的称号。

坚强、自信与努力让她渐入佳境，但是她的努力并没有停止。一次偶然，她接触到了学习轻型飞机的机会。这让她

欣喜若狂，认定考残疾飞行员驾照是上天给自己的机会。她经过整整 3 年的艰苦训练，先后请教过 3 名飞行教练，挑战了各种天气状况，终于可以用双脚熟练驾驶轻型运动飞机了。她叫杰西卡，当时才二十出头，是美国历史上第一个用双脚驾驶飞机的合法飞行员。

心理成长

有时当残酷的现实摆在我们面前时，我们不免会慌神，失去信心。但要知道，环境的坎坷、自身条件的缺陷，都不是影响我们成败的决定因素。因为心灵与梦想是每个人与生俱来的隐形翅膀，只要我们勇于展开梦想与拼搏的翅膀，总会有超越眼前残酷的现实、飞翔起来的一天。

【成长箴言】

人与人之间的情商先天并无明显差别，它与后天的培养息息相关。

自我认知箴言：

1. 情商的后天培养很重要，只要有心，你也同样值得拥有高情商。

2. 喜怒哀乐不要全写在脸上，要知道发脾气不能解决任何问题。

3. 认可自己，尊重自己，为自己感到骄傲。

4. 不能承受压力，只会增加心中的郁结，分散注意力，从而影响正确的判断力。

5. 善于发现别人的美好之处，懂得赞美他人之道。

6. 与他人相处，要有分寸。不该做的事不做，不该说的话不说。

7. 做事要顺应规则，不要抱怨和发牢骚。

8. 不要总活在自己的世界里，多关心一下别人，相信你的付出一定会有回报。

9. 懂得示弱，当遇到自己无法解决的难题时，学会恰到好处地求助于人。当别人有求于你时，要适时地伸出援手。

10. 心有多大，眼界就有多大，高情商的人不会斤斤计较小利和得失。

价值观箴言：

1. 做人要谦虚、大度，懂得关心他人，帮助他人。

2. 做人要真诚、勇敢、自立、自信而不自满。

3. 做人要有责任感，对自己负责，对他人负责，不推卸责任。

4. 对朋友真诚、守信，对师长尊敬，对他人平等、友好。

5. 尊重所有人的人权和人格尊严，不将自己的价值观强加于人。

社会能力箴言：

1. 家庭是培养情商的第一所学校，有高情商的父母，才有高情商的孩子。

2. 高情商的人人际关系良好，和朋友、同学等都能友好相处。

3. 高情商的人喜欢结识新朋友，并善于从别人身上学到新知识。

4. 高情商的人善于聆听别人说话，而不是自己滔滔不绝、口若悬河。

5. 高情商的人善于记住别人的名字。